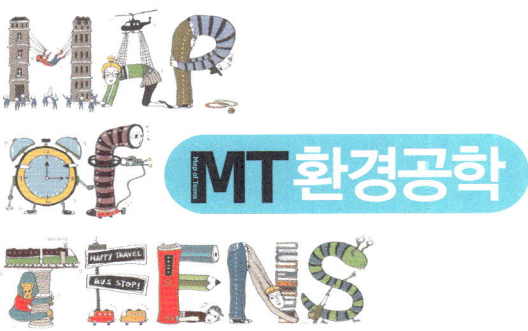

MT
Map of Teens

환경공학

이화여자대학교 박석순 교수 지음

청어람 장서가

시리즈를 발간하며

대학입시에 대한 관심이 우리나라처럼 높은 곳도 없을 것이다. 하지만 대학에 대한 많은 관심에도 불구하고, 막상 대학에 가서 무엇을 배우는지에 대해서는 학생과 학부모 모두 구체적으로 모르고 있는 것 같다. 이는 대학교육의 실질적 내용보다는 대학졸업장 취득여부에만 큰 관심을 기울이는 세태의 반영일 수도 있지만, '대학 가는 것'을 인생의 중요한 목표로 삼고 있는 중·고등학생들에게 대학의 교육내용을 쉽고 친절하게 설명해주는 자료가 없었기 때문일 것이다.

〈나의 미래 공부〉시리즈 Map of Teens는 중·고등학생들의 후회 없는 선택과 성공적인 공부를 위해 기획되었다. 자신의 삶을 크게 테두리 지을 대학의 각 분야별 공부가 구체적으로 어떤 것인지 스스로 읽고 판단하는 데 도움이 될 것이다. 이것이 내가 정말로 하고 싶은 것인지, 잘 할 수 있을 것인지를 스스로 또는 부모님, 선생님과 함께 고민하고 결정할 수 있게 만들어 줄 것이다. 아직 자신의 적성을 모른다면, 이 시리즈에 포함된 다양한 공부의 길들을 비교해보면서 역으로 자신의 흥미와 열정을 발견

할 수도 있을 것이다.

대학의 다양한 학문들이 무엇을 배우고 연구하는지를 아는 것은 단지 '나의 선택'만을 위해 중요한 것은 아니다. 사회의 다른 구성원들이 무엇을 공부하는지 아는 것도 매우 중요한 일이다. 사회의 범위가 지구촌으로 확대되고 있는 지금, 나의 이웃들이 무엇에 관심을 가지고 공부하고 있는가를 아는 것은 우리 모두의 공동 번영을 위해 필수적일 수밖에 없다. 이런 경향을 반영하듯 각 학문들은 서로의 분야를 넘나들며 융합되고 있고, 대학에서 한 가지 전공만을 공부한다는 것은 이제 지난날의 일이 되었다. 사회에서 요구하는 인재상도 멀티플전공으로 바뀌고 있다. 우리가 자신만의 전문성을 가지되 다양하고 폭넓은 공부를 해야 되는 이유가 여기에 있다.

〈나의 미래 공부〉시리즈 Map of Teens는 이러한 시대적 요청에 충실하면서도, 수많은 학문들의 내용을 자세히 들여다 볼 시간이 없는 독자들을 위해 각 분야의 핵심을 한눈에 알아볼 수 있도록 요약하려고 노력하였다. 여기에는 각 해당 분야 전공자들의 많은 노력이 숨어 있다. 오랜 시간 축적돼온 각 학문의 내용들과 새롭게 추가되는 연구 성과들을 가능하면 우리 실생활과 연관시켜 쉽고 재미있게 설명하기 위해 고심한 필자들의 노고에 감사드린다. 이 시리즈가 중·고등학생들이 미래를 찾아가는 학문 여행에 꼭 필요한 지도가 되길 바라며, '나만의 미래 공부'를 찾아 여행을 떠나보자.

2011년 8월

시리즈 기획위

인문계열

국문학 | 영문학 | 중문학 | 일문학
문헌정보학 | 문화학 | 종교학 | 철학
역사학 | 문예창작학

Map of Teens

여행을 떠나기 전
학과 지도를 펼쳐보자

세상은 넓고 학과는 많다.
학과에 대한 호기심과 나에 대해 알아보려는 의지만 있으면 여행 준비 끝!
자, 이제부터 나의 미래를 찾기 위해 힘차게 떠나보자!
놀라운 학과 세계와 지적 모험이 여러분을 기다리고 있을 것이다.

사회계열

심리학 | 언론홍보학 | 정치외교학 | 사회학 | 행정학 | 사회복지학 | 부동산학 |
경영학 | 경제학 | 관광학 | 무역학 | 법학 | 행정학

예체능계열

영화학 | 음악학 | 디자인학 | 사진학 |
무용학 | 조형학 | 공예학 | 체육학

교육계열

교육학 | 교육공학 | 유아교육학 | 특수교
육학 | 초등교육학 | 언어교육학 | 사회교육
학 | 공학교육학 | 예체능교육학

공학계열

생명공학 | 기계공학 | 전기
공학 | 컴퓨터공학 | 신소재
공학 | 항공우주공학 | 건축
학 | 조경학 | 토목공학 | 제
어계측학 | 자동차학 | 안경
광학 | 에너지공학 | 환경공
학 | 화학공학

의약계열

의학 | 한의학 | 약학 | 수의학 | 치의학 | 간
호학 | 보건학 | 재활학

물리학 | 화학 | 천문학 | 수학 | 통계학 | 식품
영양학 | 의류학 | 지리학 | 생명과학 | 환경과
학 | 원예학

자연계열

환경공학에서 미래를 개척해 나갈
청소년들을 기대하며

〈나의 미래 공부〉 시리즈 집필을 요청받았을 때 나는 한참 동안 망설였다. 책의 기획 의도가 좋아 탐이 났지만 투자해야 할 시간과 노력을 생각하니 엄두가 나지 않았다. 너무 바쁜 시기였고 해야 할 일들이 산더미처럼 쌓여있었다. 게다가 〈부국환경담론〉이라는 나의 저서가 막 출간된 뒤라서 당분간 책 만드는 일은 잠시 쉬고 싶다는 생각도 들었다.

하지만 고민 끝에 결국 나는 이 책을 쓰기로 결심했다. 지난 20여 년간 나는 대학에서 학생들을 지도하면서 전공에 대한 적성과 애착이 대학 생활과 학업 성과에 엄청난 영향을 미친다는 것을 몸소 체험했다. 그래서 이 시리즈는 학생들의 성공적인 학업뿐만 아니라 국가의 효율적인 인적자원 활용과 학문의 발전을 위해서도 꼭 필요하다는 생각이 들었다.

그러나 처음에는 내가 무엇을 어떤 모양으로 책에 담아야 할 지, 생각이 잘 떠오르지 않았다. 무엇보다 대학에서 배우는 전공과목 내용들을 중고등학생들이 이해할 수 있는 용어로 설명하는 것이 나에겐 쉽지 않은 일이었다.

이 책을 다 쓰고 나니, 책을 통해 자신의 미래를 환경공학에서 개척해 나 갈 많은 청소년들이 기대되면서도 한편으로는 아쉽고 미흡한 점도 많은 것 같다. 좀 더 재미있게 환경공학을 소개할 수 있었을 텐데 하는 아쉬움이 남는다. 그리고 미래에 변화될 환경공학의 상상도를 충분히 보여주지 못한 것도 아쉽다. 아무튼 이 책이 밑거름이 되어 청소년들의 미래를 바르게 이끌어 갈 좋은 책들이 앞으로 나와 주길 바란다.

이 책은 환경공학의 학문 내용과 범위에서부터 미래에 이루어질 연구에 이르기까지 이 분야를 전공하려는 학생들이 궁금해하는 모든 것을 포괄하고 있다. 1장은 환경공학이란 무엇이며, 왜 필요한지, 그리고 환경공학도에게 필요한 준비는 어떤 것이 있는지 등을 다루고 있고, 2장은 환경공학의 중요성을 강조하기 위해 병들어 가는 지구의 현실을 설명하고 있다. 3장에서는 국내외 주요 대학 환경공학과의 강의과목과 연구실 그리고 졸업 후의 진출 분야와 하는 일들을 소개했으며, 4장에서는 환경공학에서 다루는 전반적 학습 내용을 청소년들이 알기 쉽게 요약했다. 그리고 5장에서는 환경공학의 미래 모습을 보여주었다.

끝으로 지난 몇 개월 동안 이 책에 필요한 자료를 찾고 환경공학의 시공간적 미로를 헤매면서 시행착오를 나와 함께한 대학원생 허정림, 나윤희, 강현지에게도 그동안의 노고에 고마움을 전한다.

2011년 8월
저자 박석순

CONTENTS

PART 01 교수님과 함께 떠나는
환경공학 여행

PART 02 첫 번째 임무!
환경 뉴스에 귀 기울여라!

PART 03 미리 체험해 보는
환경공학과 원정기

PART 04 지구를 지키기 위한 환경공학의 무한도전

PART 05 환경공학의 미래를 상상하다

PART 06 박 교수님의 학문 이야기 … 222

교수님과 함께 떠나는
환경공학 여행

지구에 위기가 닥쳤다!

지구는 약 46억 년 전에 생성되었고 처음에는 태양계의 다른 별들처럼 생명체가 살 수 없는 곳이었다. 그러나 약 38억 년 전에 생명체가 처음 나타났고, 그 후 지구는 점점 생명체가 살기 좋은 곳으로 변해갔다. 수많은 생명체가 지구에 나타났고 이들은 오랜 기간 지구를 자신들이 살기에 좋은 곳으로 만들어 왔다.

지금부터 50만 년 전 인류가 수많은 생물종 중에서 마지막으로 지구에 출현했다. 지구는 생명의 별로 만들어진 것이 아니라 수많은 생명체에 의해 가꾸어졌으며 지구가 인류를 새 식구로 받아들인 것이다.

46억 년에 해당하는 지구의 나이를 우리가 쉽게 이해할 수 있는 1년으로 축소하고 1월 1일 0시 정각을 지구 탄생 기점으로 하면, 2월 27일 경에 생명이 처음 출현하였고 12월 31일 23시 2분경에 인류가 나타난 것이 된다. 서기 2000년이라는 세월은 1년 중 마지막 14초에, 지난 20세기는 0.7초에 조금 못 미치는 시간일 뿐이다.

마지막으로 출현한 인류는 지구의 어느 생명체보다 으수했다. 인류는 생존을 위해 끊임없이 자연을 정복하고 삶의 질을 향상시키려고 노력했다. 그리고 그러한 노력은 지난 20세기에 와서 산업문명이라는 미명하에 엄청난 성공을 거두었다. 그 어느 때보다도 풍요롭고 편리한 삶을 누릴 수 있었고 더 오래 살 수 있었다. 수십만 년에 걸쳐 15억이 된 세계 인구는 단 100년 만에 60억으로 늘어났다. 그러나 대성공을 거둔 산업문명의 이면에는 환경문제라는 어두운 그른 자가 있었다. 개발과 오염으로 자연은 파괴되었고 지구는 병든 것이다!

길고 긴 지구 역사와 비교하면 한낱 찰나에 불과한 순간에 인류라는

길고 긴 지구 역사와 비교하면 한낱 찰나에 불과한 순간에 인류라는 생명체 때문에 지구는 운명을 달리할 중병에 걸린 것이다.

생명체 때문에 지구는 운명을 달리할 중병에 걸린 것이다. 지구 온난화, 오존층 파괴, 사막화, 산성비 등으로 지구 곳곳은 이미 병색이 짙어져 가고 있다. 이를 증명이라도 하듯 환경재해는 매년 반복되고 땅은 불모지로 변해가고 있으며, 오랜 기간 인류와 함께했던 많은 생물종들이 지구에서 영원히 사라져 가고 있다. 또한, 핵발전소가 붕괴되고, 유독성 폐수가 상수원을 오염시키며, 유조선이 좌초되는 등 수많은 환경재난이 세계 도처에서 발생하여 무고한 생명이 희생되고 있다.

지구의 중병은 우리 한반도도 예외는 아니다. 가뭄과 홍수는 그 정도를 더해가고 있으며, 황사는 이제 매년 봄이면 찾아와 몇 개월씩 머무는 불청객이 되었다. 조상 대대로 물려받은 금수강산은 파괴와 오염으로 신음하고, 그 병은 이미 바다에까지 이르고 있다. 백두대간 곳곳이 파헤쳐지고, 하천과 호수에는 녹조가 바다에는 적조가 철마다 찾아온다. 지금 우리가 마시는 물, 숨 쉬는 공기, 그리고 먹을거리에 이르기까지 어느 하나 안심할 수 있는 것이 없다.

이 모든 것들이 지구는 더는 인류의 영원한 삶터가 될 수 없음을 암시해 주고 있다. 그러나 인류는 그 암시를 감지 못하고 산업문명이 주는 풍요로운 삶에 도취되어 있다. 지난 몇십 년 동안 지구의 중병이 계속 보고되어 왔음에도 불구하고 개선은커녕 오히려 악화되고 있다. 모든

생명체가 지구를 살기 좋은 곳으로 만들어 왔는데 인류만이 자신의 역할을 망각하고 있다.

더 늦기 전에 지구를 위기로부터 구해야 한다. 지구 생태계의 구성원으로서 자연과 공존할 수 있는 새로운 문명을 개척하야 한다. 산업문명의 치부를 도려내는 대수술이 우리 세대에 이루어져야만 다음 세대의 미래가 보장될 것이다.

환경위기에서
지구를 구해야 한다

환경공학은 지구촌에 도래한 환경위기에 대처하기 위해 20세기 후
반에 새롭게 탄생한 학문이다. 한마디로 병든 자연을 치료하고 지구
와 인류의 지속가능한 미래를 위해 기술을 개발하고 인류의 새로운
삶을 개척해 가는 학문이다.

이렇게 탄생한 환경공학은 건강한 자연을 지키고 생활환경을 개선하
며, 나아가 삶의 질을 향상시키는 데 크게 기여해 왔다. 환경공학은 환
경문제를 과학적으로 규명하고 기술적 해결방안을 제시할 뿐만 아니
라, 더욱 적극적으로 환경을 관리하고 보전하며 활용하는 것을 추구
한다. 지금까지 인류가 만든 기술이 자신들만의 풍요한 삶을 추구하
고 무절제한 생산과 소비를 부추기는 '이기적 기술' 이라면, 환경공학
이 만드는 기술은 '이기적 기술' 에 의해 병들어 가는 지구를 지키기 위
한 '이타적 기술' 이라 할 수 있다. 나보다 우리를, 지금보다 다음 세대
를 위한 기술이다.

교수님과 함께 떠나는
환경공학 여행

최근 환경산업이 정보통신, 의료생명 등과 더불어 21세기 3대 주요 산업으로 등장함에 따라 환경공학은 국가 성장 동력의 핵심기술을 제공하는 매우 중요한 의무를 담당하게 되었다. 또한 중앙정부와 지방자치단체에서 환경행정업무를 담당하는 것과 교육, 언론, 홍보 등을 통하여 환경문제의 심각성을 알리고 대책을 촉구하며 나아가서 삶의 방식을 바꾸는 데도 환경공학자의 역할을 요구하고 있다. 환경이 우리의 생활과 사회 규범이 되고 경제적 가치를 결정하는 핵심 요소로 인정됨에 따라 환경공학은 정치, 경제, 사회, 문화 등 생활 전반을 포괄하는 종합 학문이 되어가고 있다.

지구와 인류의 지속가능한 미래를 개척해야 하는 시대적 사명을 부여받고 새롭게 태어난 환경공학은 명실상부한 21세기 각광받는 학문으로 자리를 구축해 가고 있다. 지난 2005년 세계적인 경제잡지 〈포춘〉이 향후 10년 동안 각광받을 직업 1위로 환경공학자를 선정한 사실이 이를 잘 말해준다.

Hot Careers Next 10 Years(Forture, 2005)

Career	%
Environmental engineers	54.3%
Network systems and datacom analysts	41.9%
Personal financial advisors	36.3%
Database administrators	33.1%
Software engineers	27.8%
Emergency management specialists	27.8%
Biomedical engineers	27.8%
PR specialists	27.8%
Computer and infosystems managers	25.6%
Comp, benefits, and job analysts	25.6%
Systems analysts	24.9%
Network and systems administrators	24.9%
Training and development specialists	22.3%
Medical scientists	22.1%
Marketing and sales managers	21.3%
Computer specialists	20.8%
Media and communications specialists	20.6%
Counselors, social workers	20.6%
Lawyers	20.4%
Pharmacists	20.2%

- tech
- financial/ management
- health
- other

교수님과 함께 떠나는
환경공학 여행

지속가능한 미래를 열어가는 환경공학

지구촌에 도래한 환경위기를 극복하기 위해 대학에서 연구와 교육이 본격적으로 이루어지기 시작한 것은 미국과 영국, 일본 등에서 독립된 행정조직인 환경청이 설립된 1970년부터다. 이어 1972년 6월 5일 UN이 세계 최초의 국제환경회의인 'UN인간환경회의'를 개최하면서 그 여파는 전 세계로 퍼져나갔다. UN은 같은 해 11월, 총회에서 6월 5일을 '세계 환경의 날'로 정하고 환경전문기구인 유엔환경계획(UNEP : United Nations Environment Programme)을 설립하였으며 이때부터 세계 각국의 환경문제에 깊숙이 관여하게 되었다.

우리나라는 지난 1980년 환경청이 설립되면서 대학에서의 교육과 연구가 활성화되었다. 특히, 이때 개정된 제5공화국 헌법에서 '모든 국민은 건강하고 쾌적한 환경에서 생활할 권리를 가진다'라는 환경권을 명시하면서 환경은 국가적 이슈가 되었다. 또한 1980년대 대학에서는 환경공학과, 환경과학과 등과 같은 환경 관련 학과가 만들어지기 시작했다.

환경 관련 학과들의 주요 연구대상은 인류가 직면한 환경문제 즉, 인간에 의한 환경파괴와 오염현상이다. 학문적 뿌리를 보면 크게 세 분야로 나누어지는데, 환경과학은 생태학에서, 환경공학은 위생공학에서, 환경보건학은 예방의학에서 발전해 온 학문이라 할 수 있다. 환경과학은 인간과 자연의 유기적 관계에 기초하여 환경문제의 원인을 규명하는 것이 주요 연구주제라면, 환경공학의 주제는 환경문제를 보다 경제적으로 해결할 수 있는 기술을 개발하는 것이다. 환경보건학은 환경오염이 인체 건강에 미치는 영향과 예방 등을 연구하는 것이다. 이러한 학문들이 초기에는 주로 문제해결과 사후대책에만 연구의 초점을 두었으나, 지금은 적극적인 환경관리와 사전예방에 이르기까지 넓은 범위를 다루고 있다.

이 외에도 최근에는 다양한 분야에서 환경을 연구대상으로 하고 있다. 환경문제의 공공성과 정부 역할의 중요성 때문에 환경정책학이 등장하였고, 기업경영에서 환경이 비용의 문제가 아니라 생존을 위한 전략이 되면서 환경경영학이 각광받게 되었다. 환경교육학, 환경언론학, 환경사회학, 환경법학 등도 교육, 사회고발, 홍보, 사회갈등 해소, 정책시행 등을 통하여 문제해결에 기여하고 있다.

이러한 학문 분야를 포괄적으로 다루는 환경공학과에서는 자연을 구성하는 물, 대기, 토양과 생태계에서 일어나는 물질변화 그리고 그 속에서 생명을 유지하는 인류의 삶과 오늘날 우리가 겪고 있는 환경문

제의 원인과 해결 방안을 공부한다.

전공과정에서 먼저 환경공학개론과 환경생태학, 환경미생물학, 환경화학 등과 같은 전공기초과목을 이수한 후 물, 대기, 토양, 폐기물, 환경정책과 법규 등 전공 심화과정을 공부한다.

환경공학과를 졸업한 후에는 중앙정부나 지방자치단체 공무원, 국공립 환경연구기관의 연구원, 공기업, 건설 회사, 엔지니어링 회사, 환경영향평가 회사 등에서 일하며, 중고교 환경교사, 신문과 방송의 환경전문기자 또는 작가 등 다양한 분야로 진출한다. 또한 환경 분야가 여러 응용 학문과 관련되어 있고 학부과정에서 배우는 과목이 생명과학, 화학, 법률, 정책 등을 포함하기 때문에 졸업생 중 일부는 의학전문대학원이나 법률전문대학원으로 진학하기도 한다.

그 외에도 환경공학 전공 졸업생들은 환경관리를 위한 지리정보시스템, 위성사진분석, 환경현상 시뮬레이션, 환경오염분석 등을 공부하여 환경정보화와 환경측정분석 분야로도 진출하고 있다. 환경공학이 새로운 학문이고 시대적 요구가 증대되는 분야인 만큼 대학원 과정을 이수한 후 대학 교수나 국가연구기관의 연구원으로의 진출은 어느 분야보다 넓게 열려있다.

환경공학도가 되어보자!

지구를 위기에서 구해내고 싶다는 마음으로 가득 찼다면 이제부터 환경공학도가 되기 위해서는 어떠한 자질을 갖추어야 하는지 살펴보자.

자연 사랑의 마음은 기본

앞서 말했듯이 환경공학은 지구 온난화, 오존층 파괴, 광화학 스모그, 하천오염, 토양오염, 생물 멸종 등 오늘날 우리가 겪고 있는 다양한 환경문제로부터 삶의 터전과 생명을 지키기 위해 새롭게 탄생한 학문이다. 그래서 환경공학도가 되기 위해 무엇보다 필요한 것은 새로운 학문에 대한 도전 정신과 다양한 분야를 어우를 수 있는 통합력 그리고 지속가능한 미래를 위해 정진할 수 있는 열정이다.

또한 기본적으로 자연을 사랑하고 인간의 존엄성을 중시할 줄 알아야 하며 환경에 대한 많은 관심과 호기심이 있어야 한다. 그리고 전 지구

적인 자연관과 전 인류적인 글로벌 마인드를 가져야 한다. 환경은 세계 인류가 가진 공통의 화두이자, 모두가 함께 해결해야 할 전 지구적 차원의 문제이기 때문에 거시적이고 통합적인 안목과 정신이 필요하다.

다양한 학문적 소양 필요

환경공학은 문제점을 파악하고 과학적인 검증과 공학적, 정책적 대안을 제시하는 학문으로 수학이나 화학, 생물학의 기초 지식을 바탕으로 하는 응용학문이다. 따라서 자연과학적 지식을 갖추어야 함은 물론 인문학적 자질도 갖춘다면 더욱 좋다. 특히 최근에는 환경의 범위가 정책, 언론, 교육, 법률 등과 같이 인문학적 사고를 중시하는 분야로까지 확대되고 있기 때문에 다양한 분야의 학문적 소양이 필요하다. 물론 공학적 기초상식을 습득할 수 있는 능력 또한 요구된다.

환경공학자로서 성공하기 위해서는 성실함을 기본으로 하는 집중력과 과학과 인문 분야를 넘나드는 학문적 소양 그리그 창의적 사고와 진취적 성향이 필요하다. 환경공학이 다루는 광범위한 분야를 분석하고 통합할 수 있는 능력도 필요하다.

환경공학도가 되기 위해
지금 당장 할 수 있는 일은 많다!

환경공학도가 되기 위해서는 어떤 준비를 해야 할까? 한마디로 말하자면 환경에 관한 관심과 열정 하나면 충분하다. 자연과 공존하는 새로운 인류사회를 염원하는 사람이라면 이미 환경공학도로서의 충분한 자질을 갖추었다고 할 수 있다. 자, 환경에 대한 관심과 열정을 지금 당장 표현할 수 있는 방법들을 알아보자.

교내 환경동아리 활동

학교는 하나의 작은 공동체이다. 이곳에서도 관심을 가지면 먹는 수돗물을 비롯하여 운동장의 먼지, 실내 공기오염, 쓰레기 재활용, 전기 에너지 절약 등 다양한 환경문제를 논할 수 있다. 이러한 문제에 관심을 가지는 학생들을 모아 동아리 활동을 해보자.

간단한 측정기로 수돗물의 수질이나 실내 공기를 측정하여 안전도를 판단할 수도 있고, 인터넷을 이용하여 우리나라 주요 하천의 수질이나 대도시의 대기질 현황 등을 조사하여 토론하는 등 다양한 활동을 할 수 있다. 뿐만 아니라 주말을 이용하여 근처 산이나 하천을 답사하여 자연을 관찰하고, 학교에서 배출한 생활하수가 어떤 경로를 거쳐 처리되는지 찾아가 볼 수 있다.

환경정보 수집 생활화하기

환경에 대한 관심과 호기심은 환경 관련 자료를 수집하는 과정에서 더욱 커

교수님과 함께 떠나는
환경공학 여행

진다. 오늘날 우리는 환경에 관한 뉴스를 접하지 않고 지내는 날이 거의 없다. 황사, 광화학 스모그, 하천 오염, 물고기 떼죽음, 지구 온난화 등 환경에 대한 뉴스는 TV와 신문 지면에 빠지지 않고 등장한다.

대중매체를 통해 접할 수 있는 우리 생활 주변의 환경기사만 꾸준히 스크랩해도 상당한 수준의 환경상식을 자기 것으로 만들 수 있다. 또한 환경 관련 책을 읽는 것 역시 중요하다. 최근 쉽고 재미있는 환경 관련 책이 많이 나오고 있다. 이 중 자신의 수준에 맞고 관심 있는 분야를 골라서 계속 읽어나가다 보면 언젠가는 상당한 수준의 환경전문가가 되어 있을 것이다. 물론 인터넷을 통해서도 많은 환경정보를 얻을 수 있다.

환경 관련 자원봉사 하기

환경 관련 시민단체에서의 자원봉사 활동도 환경공학도의 소양을 키울 수 있는 좋은 기회이다. 환경단체에서는 다양한 활동을 전개하고 있다. 정책 모니터링과 시민과 함께하는 환경동아리 모임 등 다양한 프로그램을 진행하고 있으며 누구나 참여할 수 있다. 이러한 프로그램에 참여함으로써 환경에 관한 지식을 얻고 경험도 쌓을 수 있다.

시민단체의 환경운동에 동참하면 환경운동가들이 환경에 대해 어떤 생각을 가지고 있고 환경문제에 대해 어떤 방식으로 대처하는지, 또한 어떤 활동을 통해서 환경을 보호하려고 하는지에 대해 알 수 있다.

환경문제에 대해 적극적으로 의견을 제시하고 활동에 참여하는 성격을 가진 환경단체도 있고 다소 소극적이지만 미래지향적인 방향을 중심으로 환경운동을 모색하는 단체들도 있다. 자신이 선호하는 시민단체에서 자원봉사 활동을 함으로써 많은 견문을 넓힐 수 있을 것이다.

시민 환경모니터링 제도 참여

정부의 환경정책이나 기업의 환경활동에 대한 모니터링은 환경에 대한 소양을 쌓는 데 많은 도움이 된다. 우리나라의 중앙정부나 각 지방자치단체에서는 시민 모니터링 제도를 시행하고 있다. 시민 모니터링 제도란 정부나 기업에서 추진하는 일이나 어떤 활동을 시민들이 살펴보고 생각을 제시하면 그것을 반영하는 제도다. 이런 모니터링을 통해 자신이 관심을 가지는 분야에 대해서 의견을 제시할 수 있는 기회를 가질 수 있다. 만약 자신의 생각이 나라의 정책을 결정하는 데, 기업의 제품을 생산하는 데 반영된다면 얼마나 보람 있겠는가? 자신이 조금이나마 사회에 도움이 된다는 뿌듯함을 느낄 수 있을 것이다.

환경 모니터링에는 다음과 같은 활동이 있다. 먼저 친환경 제품에 대해 직접 사용해 본 후 그 효과를 판단하고 제품이 어떤 방식으로 친환경성을 접목시켰는지 그에 대한 생각을 말할 수 있다. 또한 친환경성을 내세우는 기업의 이미지에 대한 소비자들의 인식조사를 하거나 친환경 경영마인드를 추구하는 기업인의 활동을 모니터링함으로써 그 기업이 진정으로 친환경적인 기업인지를 판단할 수도 있다.

이러한 경험을 통하여 환경공학도로서 필요한 자신의 적성을 알아볼 수도 있

교수님과 함께 떠나는
환경공학 여행

을 것이다. 또한 환경에 대한 이론적인 지식을 습득하기보다는 직접 보고 느끼면서 환경의 중요성을 알고 앞으로 자신이 나아가야 할 방향을 찾을 수도 있을 것이다.

환경 프로젝트 참여

지방자치단체나 재단법인 등에서 매년 환경 프로젝트를 공모한다. 이러한 곳에서 학생들을 대상으로 시행하는 공모에 참여하는 것도 좋은 경험이 된다. 이러한 공모전은 환경 분야에 대한 공부를 할 수 있는 기회를 주며 동시에 환경과 관련된 학과나 취업에 유익한 경력이 된다.

이러한 공모전을 통해서 환경문제와 관련된 기업의 프로젝트에 참여할 수 있고, 기업의 친환경적 상품에 대한 아이디어를 제안하는 일도 할 수 있다. 또한 환경문제의 심각성을 알리고 환경의식을 고취시켜 줄 수 있는 그림, 포스터나 표어 같은 공모도 있다. 이 밖에도 자신이 관심 있는 환경의 세부사항을 관찰하거나 그에 대한 간단한 실험을 통해서 환경을 주제로 한 논문을 발표할 수도 있다. 또한 기업에서는 학생들에게 해외연수를 보내줌으로써 환경에 대한 다양한 식견을 넓힐 수 있는 기회를 제공하고 그에 대한 보고서를 쓰도록 하기도 한다. 이러한 경험은 훗날 환경 분야 진출에 소중한 밑거름이 될 것이다.

환경 행사에 관심 갖기

환경에 관련된 기념일은 많이 있다. 예를 들어, 2월 2일은 '세계 습지의 날', 3월 22일은 '세계 물의 날', 4월 22일은 '지구

의 날', 5월 31일은 '바다의 날', 6월 5일은 '환경의 날' 등 환경에 관련된 기념일은 거의 매달 있다. 이때마다 환경부와 지방자치단체가 주관하는 다양한 행사가 열리는데, 이러한 날에 특히 관심을 두고 개최되는 다양한 행사에 적극적으로 참여하는 것도 환경인이 되기 위한 좋은 준비가 된다. 개최되는 특별 강연이나 다양한 이벤트에 참여하는 것 역시 즐겁고 유익한 시간이 될 것이다.

또한 이러한 날에는 보통 그동안 환경을 위해 노력한 자에 대한 시상식도 열리는데, 평소 학교 환경동아리 활동이나 개인적 노력이 수상 대상이 된다면 응모해 볼 수도 있다. 만약 수상을 하면 대학 진학에 가산점이 될 뿐만 아니라 환경전문가로 성장하는 데 좋은 밑거름이 된다.

환경영상물을 보거나 만들어 보기

환경의식을 고취하기 위해 매년 환경영화제가 개최되고 있다. 환경영화제에서는 일반인들이 만든 아마추어 작품에서부터 세계적인 명작에 이르기까지 다양한 환경영화를 상영한다. 또한 TV방송국에서 정기적으로 환경특집 교양 프로그램을 방영하고 있다. 이러한 영상물에는 시사적이면서도 상당한 수준의 환경지식이 내재되어 있으며 매우 감동적이다. 또한 환경사진전을 방문하는 것도 좋은 경험이 된다. 환경영상물이나 사진을 자주 보면 풍부한 환경지식을 얻을 수 있을 뿐만 아니라 환경을 염려하고 아끼는 정신이

길러진다. 또한 본인이 직접 환경오염 현장을 사진이나 비디오로 촬영하여 환경사진전이나 환경영화제에 응모할 수도 있다. 간혹 환경 관련 광고를 공모하는 경우가 있는데, 아이디어가 있으면 응모해 보는 것도 좋은 경험이 된다. 이러한 경험들은 대학에서 전문성을 향상시켜 졸업 후 신문, 잡지, 방송 등에서 환경언론 전문가로 진로를 개척하는 데 크게 도움이 된다.

환경 분야의 다양한 기회는 자신의 앞날에
무한한 가능성을 열어준다. 취미 삼아 할 수 있는
활동을 선택하여 학업과 함께 해나간다면
예비 환경공학도로서 가장 훌륭한 준비를 하는 셈이다.

나 경감의 사건일지
환경오염 주범을 잡아라!

#1. 1주일간의 악몽, 런던 스모그 사건

1952년 12월 10일, 영국 런던에서 놀라운 사건이 벌어졌다. 1주일 만에 수천 명의 사람들이 호흡 장애와 질식으로 사망한 것이다. 수사 당국이 사건을 조사하고 있지만, 아직 사건의 원인이 밝혀지지 않아 많은 시민들이 피해를 보고 있다. 시민들은 런던을 떠나 다른 곳으로 피신하는 것 외에는 아무런 대책을 세울 수 없었으며, 기상변화로 대기가 회복되기를 기다릴 수밖에 없었다. 이 사건을 주시하고 있던 나 경감은 뭔가 심상치 않은 기운을 느끼며 사건 해결에 나선다. 도대체 어떤 일이 있었던 것일까?

사건은 1주일 전으로 돌아간다. 1952년 12월 4일 런던의 날씨가 갑자기 추워지기 시작했다. 대학생인 윌리엄(22)은 "구름과 안개가 태양빛을 차단하여 낮에도 앞을 분간할 수 없을 정도로 어두워서 친구와의 약속도 미뤘다"며 그날을 회상했다. 윌리엄뿐 아니라 많은 시민들이 같은 증언을 하였다. 이에 확신을 품은 나 경감은 날씨를 중심으로 사건을 조사하기 시작했다. 사건 발생 당일 런던의 초겨울 날씨가 흔히 그러하듯이 바람은 없고 기온역전 현상이 나타났으며 하늘은 구름으로 가려지고 안개가 짙게 지면을 덮었다고 한다.

길가에서 만난 여고생 레이첼(17)은 "날씨가 어두워지더니 점점 추워졌어요. 12시쯤 온도계를 보니까 −1℃나 가리키고 있었어요. 방 안이 싸

늘해서 난방을 했어요. 왜 이런 끔찍한 사건이 일어났는지 모르겠어
요."라며 나 경감에게 사건의 실마리를 안겨주었다.

사건의 전말은 이렇다. 기온이 급속히 떨어지면서 도시 전역에서 연료
사용이 급속히 증가했다. 영국은 가정이나 산업체에서 모두 자국에서
많이 생산되는 석탄을 주 연료로 사용하고 있었다. 석탄이 연소하면서
생긴 연기가 정제되지 않은 채 대기 중으로 배출되었고, 때마침 나타난
무풍현상과 기온역전으로 인해 대기로 확산되지 못하고 지면에 정체된
것이다. 배출된 연기와 짙은 안개가 합쳐져 스모그를 형성했고, 특히
연기 속에 있던 아황산가스는 황산안개로 변해 런던 시민의 호흡기에
치명적인 영향을 주게 되었다.

런던타임즈는 '런던 시민은 호흡장애와 질식 등으
로 사건 발생 후 첫 3주 동안에 4,000여 명이 사
망했고, 그 후 만성 폐질환으로 8,000여 명이 추
가 사망하여 총 1만 2,000여 명이 1주일 동안 심
한 대기오염현상으로 인해 생명을 잃었다. 당시 사
망자들은 주로 노인, 어린이, 환자 등 비교적 허약
한 체질의 사람들이었으며 모든 연령층에서 심
폐성 질환이 급증했고, 특히 45세 이상은 중증
을 나타냈다.' 라고 전했다.

재난보고

#2. 수은 중독의 폐해, 미나마타 사건

런던 스모그 사건의 전말을 밝힌 나 경감은 특별 휴가를 받게 된다. 그래서 떠난 곳이 일본 규슈의 미나마타 어촌. 하지만 놀라운 사건이 나 경감을 기다리고 있었다.

1953년 일본의 작은 어촌의 주민들이 고통을 호소하고 있었다. 주민들은 손과 발이 마비되고, 통증과 오한, 두통, 시각장애, 언어장애 등으로 고통받고 있었다. 심한 경우 격렬한 고통과 마비증상이 오다가 죽음으로 이어졌으며, 아기들은 사산되거나 기형으로 출생했다. 나 경감은 특별 휴가는 제쳐두고 사건의 전모를 밝히기로 결심한다.

주부 요코(34)는 "1년 전부터 마을에 이상한 일이 일어났어요. 하늘을 날던 물새가 갑자기 땅에 떨어지고, 집에서 기르던 고양이들이 미친 듯이 뱅뱅 돌며 입에서 거품을 내뿜었어요. 그래서 우리는 '춤추는 고양이 병'이라 불렀어요. 설마, 그 병과 관련된 건 아니겠죠?"라고 울먹였다. 나 경감은 요코를 위로하며 기필코 이 사건을 해결하리라 다짐했다. 그러나 인생은 한 치 앞을 모르는 법. 바로 한국으로 복귀하라는 명령이 떨어진 것이다. 안타까운 마음을 뒤로하고 나 경감을 발길을 돌릴 수밖에 없었다.

처음 이 사건을 접한 보건당국이나 의사들은 세계적으로 보고된 적이 없는 이 병의 원인을 찾지 못하고 단순한 풍토병으로 생각했다. 그러나

교수님과 함께 떠나는
환경공학 여행

이 병에 걸린 사람 수가 늘어나고 고양이나 물새에서 나타나는 증상이 계속되자 1956년 미나마타 시에서 괴질병 대책위원회를 구성하여 질병의 원인을 조사하기 시작했다. 하지만 대책위에서는 이 병을 일본 뇌염의 일종으로 간주한 채 아무 대책도 마련하지 못했다.

1959년 7월 나 경감은 반가운 소식을 듣게 된다. 구마모토 대학의 다케우치 다다오 교수가 이러한 증상은 중추신경계와 뇌에 손상이 생겼을 때 발생하는 것이며 액체성 중금속인 수은 중독 증상이라고 주장한 것이다. 그 후 미나마타만의 해수와 해저 퇴적물, 그리고 이 브근에서 잡히는 물고기에 다량의 수은이 함유되어 있고, 물고기의 섭취가 이 증상의 직접적인 원인임이 밝혀졌다. 또한 미나마타만이 수은에 오염된 원인은 만에 인접한 신일본질소비료공장(칫소 공장)에서 배출하는 폐수 때문인 것으로 드러났다.

하지만 명백한 증거에도 불구하고 구마모토 현과 일본 중앙정부는 병의 원인을 인정하지 않았다. 구마모토 현에서는 식품위생법에 의거하여 이 지역을 어획 금지구역으로 선포하려 했으나 중앙정부는 연안 전역이 오염되었다는 명백한 증거가 없다는 이유로 어획을 저속 허용했다. 또한 중앙정부는 공장 폐수에 문제가 있는 것은 확실하나 원인물질이 명백히 규명되지 않는 한 폐수 배출 금지는 불가능하다며 폐수 배출도 허용하였다. 공장은 계속해서 가동되었고 일부 주민들은 미나마타

를 떠나기 시작했다. 1959년 12월 공장 측이 피해자들에게 30만 엔씩 지불한다는 합의로 사건은 일단 종결되었다.

멀리서 이 사건을 안타깝게 바라봤던 나 경감은 그제야 안도의 한숨을 쉴 수 있었다. 그러나 6년 뒤인 1965년 니가타 현 아가노 강 하류에서 미나마타병과 동일한 병이 발생했다. 이 지역 주민들은 폐수를 방류한 쇼와전공을 상대로 소송을 제기했다. 이것은 일본 최초의 법정 환경 분쟁이었다. 그 후 1967년에 욧카이치 천식사건 그리고 1968년에는 이타이이타이병으로 인한 소송이 연이어 제기되었다. 1968년에 와서야 비로소 일본 정부는 미나마타병은 칫소 공장에서 배출된 수은에 중독되어 발생한 것이라고 공식적으로 인정했다. 그 후 피해자들의 법정투쟁이 수십 년 동안 계속되었고, 1996년 5월 19일에야 마침내 종결되었다.

우리 지구가 어떤 위기
에 처해 있는지 다음 장
에서 자세히 살펴보자.

첫 번째 임무!
환경 뉴스에 귀 기울여라!

충격적인 UN 보고서

지난 2007년 UN은 지구환경에 관한 충격적인 보고서를 내놓았다. 지금처럼 온난화가 진행될 경우 금세기 말에는 지구의 평균 온도가 최대 6.4℃까지 올라갈 수 있고 북극의 빙하가 완전히 녹아 해수면도 최대 59cm까지 상승한다는 것이다. 또한 이 보고서에는 금세기 안에 지구 주요 동식물의 대부분이 멸종 위기에 처하는 것은 물론, 물 부족이 심화되고, 전염병이 확산되는 등 지구 미래에 대한 우울한 전망으로 가득 채워져 있다.

UN 안전보장이사회는 이러한 전망들이 세계 안보에 중요한 영향을 미칠 것으로 판단하고 역사상 처음으로 기후변화를 안보 의제로 논의하기로 했다. 기후변화로 인한 환경난민이 국경 분쟁을 야기하고 물과 에너지와 같은 자원에 대한 쟁탈전이 벌어져 세계 안보가 위협받을 수 있기 때문에 대책을 세워야 한다는 것이다.

지난해 발표된 UN 보고서는 지구환경문제가 지금까지 우리가 알고 있었던 것보다 훨씬 더 심각하다는 것을 말해주고 있다. 최근 국내 전문기관도 이와 유사한 기후변화 시나리오를 발표한 적이 있다. 금세기 말에 이르면 소나무, 전나무, 밤나무 등이 고사하는 등 한반도에 현존하는 모든 산림생물이 멸종위기를 맞을 것이라고 경고했다. 지금 우리에게 주어진 사명은 위기에 처한 지구를 구하고 생존 방안을 모색하는 것이다. 자, 먼저 우리의 지구가 얼마나 병들어 있는지, 어떠한 상황에 놓여있는지 자세하게 살펴보자.

산업혁명 이후 인류는 석탄과 석유를 연소하여 에너지를 얻기 시작하였다. 이 과정에서 나오는 이산화탄소의 양은 식물의 광합성에 의해 감소하게 된다. 하지만 발생량이 소모량보다 많으면 지구 대기 중 이산화탄소의 양은 계속 증가할 수밖에 없다. 현재 대기의 이산화탄소 양은 산업혁명 이전에 비해 25% 이상 늘어났으며, 특히 최근 몇 십 년 사이에 매우 빠르게 증가하고 있다. 이렇게 증가된 이산화탄소는 지구에 도달한 태양에너지를 지구 표면에 머물러 있게 하여 지구 온난화를 유발한다. 메탄가스와 아산화질소, 프레온 가스 등도 지구 온난화를 일으키는 물질이다.

1980년대 이후 지구 평균온도는 과거에 비해 급속히 증가하고 있으며 도처에서 홍수와 가뭄 등 기상이변이 속출하고 있다. 지구의 온도가 상승하게 되면 해수가 팽창하고 남극과 북극의 빙하와 고산지대의 만년설이 녹아서 해수면이 높아지게 된다. 또한 기류와 해류가 변하고,

육상과 해양 생태계가 파괴된다. 우리나라도 지난 1990년 이후부터 지구 온난화의 영향으로 해안에서 멸치와 오징어 같은 난류성 어류의 어획량이 증가하고 대구나 명태와 같은 한류성 어류는 감소하고 있다. 현재 지구상의 많은 대도시가 해안의 저지대에 위치해 있고 농업이 주로 이곳에서 이루어지기 때문에 해수면이 상승하게 되면 세계 경작 면적의 1/3, 그리고 세계 인구 10억이 생활 터전을 잃게 된다. 이러한 피해는 이집트, 방글라데시, 태국, 파키스탄, 인도 등의 해안 국가와 일본, 인도네시아 등 섬나라에서 가장 크게 나타날 것이다. 우리나라도 많은 산업시설과 도시 및 농경지가 해안지대에 위치해 있기 때문에 피해가 매우 클 것으로 우려된다.

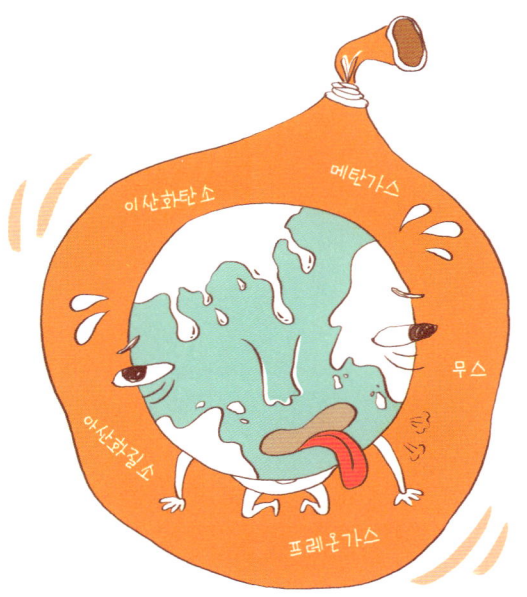

하늘에 뚫린 구멍, 오존층 파괴

오존층은 태양에서 오는 빛 중에서 지구 생물에게 유해한 자외선을 차단해 주는 역할을 한다. 오존층이 파괴되면 많은 양의 유해 자외선이 지상에 도달하여 피부암, 백내장, 각막염 등을 유발한다. 또한 식물의 광합성을 저해하여 식량 생산량을 저하시키며 기후변화를 초래하게 된다. 게다가 건축 재료의 부식과 노화가 촉진되어 건물의 수명이 단축되는 것은 물론 대기 스모그가 심해진다.

오존층 파괴의 주범은 냉장고와 에어컨에 사용되는 프리온 가스다. 프레온 가스는 독성이 적고, 연소와 폭발성이 낮으며, 기름을 용해시킨다. 또한 금속이나 플라스틱과 반응하지 않으며, 상온에서 쉽게 기화하고 액화하는 특성이 있다. 이러한 성질 때문에 프레온 가스는 냉장고나 에어컨의 냉매 외에도 기계, 금속, 전자 제품의 세정제, 그리고 화장품과 살충제의 분무제 등 다양한 용도로 사용되었다.

1970년대까지만 해도 이렇게 유용한 화학물질이 오존층을 파괴하고 있는 줄은 아무도 몰랐다. 1974년이 되어서야 프레온 가스가 지구를 둘러싸고 있는 오존층을 파괴할 수 있다는 연구 결과가 발표되기 시작하였고, 1980년대 와서 지구의 오존층 파괴는 사실로 확인되었다. 1982년 남극 상공에 오존층이 파괴된 구멍이 발견되고 북극의 오존층이 엷어지는 것이 위성에서 관측된 것이다.

문제의 심각성을 인식한 유엔은 1987년 캐나다 몬트리올에서 오존층 보호를 위한 국제회의 개최하고 선진국을 중심으로 프레온 가스 사용을 줄여나기로 했다. 그리고 과학자들은 프레온 가스를 대체할 수 있는 물질을 개발하기 시작했다. 지금은 우수한 대체물질이 개발되어 프레온 가스 사용이 중단되었다. 하지만 그동안 사용한 프레온 가스가 대기 중에 남아 있어 지금도 오존층을 계속 파괴되고 있다. 과학자들은 2070년경이 되면 대기의 프레온 가스가 완전히 소멸되어 지구의 오존층이 다시 회복될 것이라 예상하고 있다.

첫번째 임무!
환경 뉴스에 귀 기울여라!

초원이 불모지로, 사막화

사막이란 토양이 건조하여 초목이 자라지 못하는 불모지를 말한다. 지구에는 하늘에서 내리는 강우보다 증발하는 수분이 많아 토양이 건조한 지역이 전체 육지 면적의 1/3을 차지하고 있다. 이 중 일부는 원래 식물이 살 수 없는 사막이고 나머지는 적은 강수량으로도 초목이 자라고 목축과 농경이 영위되는 초원지대다. 사막화는 초원지대가 사막으로 변하는 현상을 말한다. 현재 지구 육지 면적의 19%인 3,000만 ㎢가 사막화되고 있으며, 약 1억 5,000만 명이 사막화로 인해 생존을 위협받고 있다.

사막화가 진행되는 곳은 식량 부족으로 질병과 기아가 만연하고 있으며, 기후변화와 황사가 발생하여 주변국가에게도 큰 피해를 준다.

현재 세계 100여 개 국가에서 사막화 현상이 나타나고 있다. 특히 아프리카 사헬지대, 남미 안데스 지방, 아시아의 네팔에서 그 정도가 심하다. 지금도 이러한 지역에서는 새로운 삶의 터전을 찾아 떠나는 난민이 발생하고 있다. 미국에서도 캘리포니아 주 면적에 해당하는 농경지가 이미 사막화되었고, 아시아 지역에서는 경작지의 약 40% 정도가, 그리고 아프리카 지역에서는 약 80% 정도가 사막화될 위험에 처해 있다.

사막화는 장기간에 걸친 가뭄 발생과 같은 기후적 요인이나 과잉 경작과 같은 인위적 요인 때문에 나타날 수 있다. 지금까지 진행되어 온 지구 사막화의 원인을 살펴보면 기후적 요인은 13%에 불과하다. 나머지 87%는 인위적 요인으로 인한 것이다. 급속히 늘어나는 인구를 지탱하고 산업사회가 요구하는 자원을 공급하기 위하여 경작면적을 넓혀 과도하게 경작하고 산림을 마구 벌채한 것이 사막화의 원인이다. 과도한 경작과 산림훼손이 토양을 황폐화시키고 기후를 변화시켜 결국 생명이 살 수 없는 불모지로 만든 것이다.

첫번째 임무!
환경 뉴스에 귀 기울여라!

지구의 문둥병, 산성비

석탄이나 석유가 연소할 때 발생하는 황과 질소산화물이 산성비의 원인이 된다. 산성비의 피해는 산림의 황폐화뿐만 아니라 농작물 수확량의 감소, 호수나 하천에서 서식하는 생물들의 멸종, 그리고 재산상의 피해 등 다양하게 나타난다.

산성비는 토양 미생물을 죽게 하여 유기물 부식을 억제하고, 토양에 함유된 칼륨, 칼슘, 마그네슘, 나트륨 등 식물 성장에 필요한 미량 원소들을 유실시켜 비옥도를 떨어뜨린다. 또한, 호수나 하천의 물이 산성화되면 바닥의 퇴적물이나 토양에 있는 알루미늄이 녹아 나와 수중 생물이 죽게 된다. 이처럼 산성비는 토양을 척박하게 하고 물에 독성물질을 녹여내어 생명이 살 수 없는 곳으로 만

든다. 이처럼 지구 표면을 흉측하게 변화시키기 때문에 산성비를 산업문명이 만들어 낸 '지구의 문둥병'이라 부르기도 한다.

강한 산성비는 인체에 피부병이나 눈병을 유발할 수 있다. 또한 산성화된 물을 식수원으로 사용한다면, 상수도관이 부식되어 주민들의 건강에 치명적인 피해를 입힐 수도 있다. 산성비는 금속이나 시멘트, 대리석, 화강암 등을 용해시키기 때문에 이러한 물질로 만들어진 차량, 건축물, 유적들을 부식시켜 재산상에 많은 피해를 준다.

산성비의 피해는 지구 전역에 걸쳐 광범위하게 나타나고 있으며 특히 유럽과 북미 지역에서 심각하다. 현재 유럽에서 산림국가로 알려진 독일과 스위스의 산림 중 50%가 산성비로 인해 황폐화되었으며, 체코나 폴란드, 미국, 캐나다 등에서도 수십만 헥타르의 산림이 죽어가고 있다. 또한 북유럽의 많은 호수들이 산성비로 인하여 물고기가 살 수 없는 죽음의 호수로 변하고 있다. 북유럽 스웨덴의 9만 개 호수 중 약 4만 개가 산성비의 피해로 생물이 살 수 없는 호수로 변해 세계적인 이슈가 된 적이 있으며, 미국도 과거 뉴욕 주를 중심으로 동북부 지역 호수의 20%가 산성비로 인한 심각한 생태계 피해를 경험한 적이 있다.

바다의 죽음은 지구의 죽음

지구 표면의 71%를 차지하고 있는 바다는 지구 물의 97.4%를 보유하고 있기 때문에 지구에 도달한 태양에너지의 대부분이 바다에 저장되고 재분배된다. 바다의 이러한 역할은 지구 생태계가 유지되는 데 매우 중요하다. 또한 바다는 지구의 노폐물을 정화해 줄 뿐만 아니라 수많은 생명체의 삶터가 되어 준다. 바다는 지구에서 생명체가 처음 시작된 지구 생명의 모태이다. 그래서 바다의 죽음은 지구의 죽음과 다를 바 없는 것이다.

바다는 육지에서 발생한 모든 오염물질이 마지막으로 가게 되는 종착점이다. 대기오염물질도 결국 바다에 떨어지고 수질오염물질도 강을 따라 바다로 간다. 특히 세계 인구의 절반 이상이 해안지역에 살고 있기 때문에 엄청난 양의 생활하수와 공장폐수 그리고 쓰레기가 바다에 버려지고 있다. 바다에 버려지는 오염물질은 지난 몇십 년 동안 계속 증가하여 바다가 스스로 정화할 수 있는 한계를 넘었고, 그 결과 바다는 지금 죽어가고 있다.

바다에서 나타나고 있는 중병 중 하나가 적조다. 적조는 식물성 플랑크톤이 일시에 폭발적으로 번식하여 바닷물이 검붉게 변하는 현상이다. 이때 바닷물에 녹아있는 산소는 급격히 감소하고 여기에 황화수소, 암모니아, 메탄가스 등의 유해물질이 함께 발생하기 때문에 부근 해역에 서식하는 어패류는 떼죽음을 당하게 된다. 특히 생물이 밀집하여 서식하는 양식장에는 치명적이다.

그 외에도 매년 1,000여 건 이상 발생하는 유조선 사고로 인해 유출되는 수백만 톤의 기름, 과도한 어획행위와 해저 자원개발 등도 바다를 죽이고 있다.

바다에 버려지는 오염물질은 지난 몇십 년 동안 계속 증가하여 바다가 스스로 정화할 수 있는 한계를 넘었고, 그 결과 바다는 지금 죽어가고 있다.

첫번째 임무!
환경 뉴스에 귀 기울여라!

지구에는 1.4×10^{18}톤의 물이 있다. 이 중 2.6%가 염분이 없는 담수이다. 하지만 담수의 대부분이 빙하나 고산지대의 만년설이기 때문에 사용이 불가능하고 강이나 호수, 지하수 등에 있는 사용가능한 담수는 지구 물 총량의 0.004%인 약 5×10^{13}톤에 불과하다. 지난 20세기 동안 인구증가와 산업화로 인하여 물 사용은 급속히 늘어났으며 사용한 물은 폐수가 되어 다시 강과 호수를 오염시켰다.

현재 세계 인구의 절반이 식수 부족을 겪고 있다. 매일 6,000여 명의 어린이들이 물로 인해 죽어가고 있다고 유엔은 밝히고 있다. 특히 아프리카, 인도, 중국 등에서 매년 수백만 명이 물로 인해 죽어간다. 우리나라도 물 부족 국가로 분류되어 있으며 최근 기후 변화로 매년 그 심각성을 더해가고 있다.

또한 지구 곳곳에서 물 분쟁이 일어나고 있다. 중동의 거의 모든 국가들이 물 분쟁에 개입되어 있다. 이스라엘, 요르단, 시리아, 레바논은 요르단 강을 놓고 오랫동안 긴장을 늦추지 못하고 있으며, 인류의 4대 문명 발생지인 나일 강을 둘러싼 이집트, 에티오피아, 수단은 누가 물을 지배할 것인지를 두고 오랜 기간 분쟁을 벌여왔다. 시리아, 터키, 이라크, 미국, 중국, 인도, 파키스탄 등에서도 지역 간, 국가 간 물 분쟁이 계속되고 있다.

첫번째 임무!
환경 뉴스에 귀 기울여라!

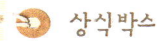

물 부족 국가란?

미국인구행동위원회는 1인당 이용가능한 물의 양(가용수량)이 1,000톤 이하인 국가를 물 기근 국가로, 1,700톤 이하인 곳을 물 부족 국가로 분류하였다. 물 기근 국가는 쿠웨이트, 몰타공화국, 아랍에미리트, 리비아, 카타르, 사우디아라비아, 요르단, 싱가포르, 브레인, 예멘, 이스라엘, 튀니지, 알제리, 오만, 부룬디, 지부티, 카보베르데, 르완다를 포함하는 18개 국가이며, 물 부족 국가에는 우리나라를 비롯한 9개 국가로 모로코, 케냐, 벨기에, 키프로스, 남아프리카공화국, 폴란드, 이집트, 아이티가 이에 해당한다.

이 분류는 국가 전체의 가용수량과 인구를 평균한 것이기 때문에 물 기근 또는 부족 국가에 분류되지 않았더라도 실제로 굴 부족 현상이 나타나는 곳도 있다. 예를 들어, 중국이나 미국 그리고 멕시코 등은 국가 내 강우량의 편차가 심하고 인구분포도 다르기 때문에 많은 지역에서 심각한 물 부족을 겪고 있다. 또한 가용수량은 풍부하다 하더라도 물 공급에 필요한 기반 시설이 마련되어 있지 않아 수많은 나라에서 물로 인해 고통을 받고 있다. 인도와 동유럽 국가, 그리고 대부분의 후진국이 이러한 경우에 해당한다.

인류 종말의 경고,
생물 멸종

지구에는 약 3,000만여 종의 생물이 서식하고 있는 것으로 추정된다. 그중 약 150만 종이 인간에 의해 조사되어 학문적으로 분류되어 있다. 활동장소와 먹이 그리고 생존방식이 모두 다른 이들 생물은 서로 균형과 조화를 이루며 살아간다. 즉, 모든 생물은 나름대로의 독특한 서식장소와 역할이 있고 이들이 한데 어울려 자연은 균형을 이루는 것이다. 그리고 그 가운데에서 인류는 생명을 영위하고 있다.

그러나 최근 많은 생물이 그들의 서식처를 잃어버리고 결국 지구상에서 멸종되고 있다. 이러한 현상은 지난 10년 사이에 정도가 더욱 심화되었다.

생물 멸종의 가장 큰 원인으로는 열대우림지대의 대량 벌채를 들 수 있다. 남미, 아프리카, 동남아시아에 걸쳐 있는 우림지대는 전 지구 육지면적의 7%에 해당되지만 지구 생물종의 50~80%가 이곳에 서식하고 있다. 그러나 자국의 경제적 이익을 위해 매년 한반도의 절반에 해

첫번째 임무!
환경 뉴스에 귀 기울여라!

당하는 11만㎢가 벌채되고, 여기에 서식하는 수많은 야생동식물이 멸종되고 있는 것이다.

이렇게 많은 생물들이 멸종하면 자연은 균형을 잃게 되고 결국 지구 생물종의 하나인 인류도 생존을 위협받게 된다. 인류는 야생동식물을 이용하여 의약품을 제조하고, 식량을 증산할 수 있는 새로운 품종을 개발하고 있다. 뿐만 아니라 의류나 생활용품을 만들기도 한다.

따라서 생물들이 멸종하게 되면 인류는 필요한 생물자원을 더 이상 얻을 수 없게 된다. 생물 멸종은 곧 지구 생태계 붕괴와 인류 종말의 시작을 알리는 경고인 것이다.

재미박스

Quiz!
멸종위기 동식물 알아맞히기

우리는 멸종위기 동식물에 대해 얼마나 알고 있을까? 백과사전이나
관련 책을 통해 이름을 알고 있는 동식물들이지만, 이들이 어떤 위기
에 처해 있는지는 잘 몰랐을 것이다. 자, 자신의 환경에 대한 관심과
애정은 어느 정도인지 테스트도 해볼 겸 다음의 문제를 풀어보자.

1. 다음의 곤충 중 멸종위기 곤충이 아닌 것은 무엇일까?
   ① 장수하늘소 ② 상제나비 ③ 두점박이사슴벌레
   ④ 줄먼지벌레 ⑤ 수염풍뎅이

2. 다음의 식물 중 멸종위기 식물이 아닌 것은 무엇일까?
   ① 죽백란 ② 섬개야광나무 ③ 복수초 ④ 풍란 ⑤ 광릉요강꽃

3. 다음의 동물 중 멸종위기 동물이 아닌 것은 무엇일까?
   ① 긴꼬리원숭이 ② 두루미 ③ 저어새 ④ 늑대 ⑤ 반달가슴곰

4. 다음의 동물 중 멸종위기 동물이 아닌 것은 무엇일까?
   ① 아나콘다 ②구렁이 ③ 나팔고둥 ④ 감돌고기 ⑤ 남방방게

정답 1. ④ 2. ③ 3. ① 4. ①

첫번째 임무!
환경 뉴스에 귀 기울어라!

영화로 보는 환경 이야기

지구 온난화의 심각성을 경고한 다큐멘터리 영화
『**불편한 진실**』 데이비스 구겐하임 감독, 앨 고어 출연

지구 역사 65만 년 동안 가장 높은 온도를 기록했던 2005년. 대부분의 빙하 지대가 녹아내려 심각한 자연 생태계의 파괴를 불러왔다. 모든 것이 인간들이 만들어 낸 지구 온난화 때문이다. 미국 전 부통령이자 환경운동가인 앨 고어는 지구 온난화가 불러온 심각한 환경위기를 전 인류에게 알리고자 모든 지식과 정보가 축약된 슬라이드 쇼를 만들어 강연을 시작했다.

그가 이야기하는 지구 온난화의 진행 속도와 영향력은 매우 심각하다. 인류의 변화된 소비 행태가 부추긴 CO_2의 증가는 북극의 빙하를 10년을 주기로 9%씩 녹이고 있다. 지금의 속도가 유지된다면 오래지 않아 플로리다, 상하이, 인도, 뉴욕 등 대도시의 40% 이상이 물에 잠기고 네덜란드는 지도에서 사라지게 된다. 빙하가 사라짐으로 인해 빙하를 식수원으로 사용하고 있는 인구의 40%가 심각한 식수난을 겪을 것이며, 빙하가 녹음으로 인해 해수면의 온도가 상승하여 2005년 미국을 쑥대밭으로 만든 카트리나와 같은 초강력 허리케인이 2배로 증가할 것이다. 이와 같은 끔찍한 미래는 겨우 20여 년밖에 남지 않았다.

기온 상승은 전 세계에서 진행되고 있다. 기온이 상승해 어떤 지역은 대홍수, 또 어떤 지역은 극심한 가뭄을 겪을 것이고 기후까지도 완전히 뒤바꿔 놓을 것이다. 이는 인류의 생명과 지구의 안위를 위협할 것이며, 우리는 결국 평생의 생존 터전과 목숨까지도 잃게 될 것이라고 앨 고어는 경고한다.

지구 전체가 빙하로 덮일지도 모른다는 끔찍한 상상
『투모로우』 롤랜드 에머리히 감독, 데니스 퀘이드 주연

이 영화는 인간의 잘못으로 인해 발생한 자연재앙이 다시 인간을 위협한다는 주제로 환경에 대한 인간의 행동을 경고한다. 기후학자인 잭 홀 박사는 남극에서 빙하 코어를 탐사하던 중 지구에 이상변화가 일어날 것을 감지하고 국제회의에서 지구의 기온 하락에 관한 연구발표를 하게 된다. 급격한 지구 온난화로 인해 남극과 북극의 빙하가 녹고 바닷물이 차가워지면서 해류의 흐름이 바뀌게 되어 결국 지구 전체가 빙하로 뒤덮이는 거대한 재앙이 올 것이라고 경고한다. 그러나 그의 주장은 비웃음만 당하고 상사와의 갈등만 일으키게 된다. 하지만 얼마 후 일본에서 발생한 우박으로 인한 피해가 TV를 통해 보도되는 등 지구 곳곳에 이상기후 증세가 나타나게 된다.

잭은 해양 온도가 13도나 떨어졌다는 소식을 듣게 되고 자신이 예견했던 빙하시대가 곧 닥칠 것이라는 두려움에 떨게 된다. 잭은 지구 북부에 위치한 사람들은 이동하기 너무 늦었으므로 포기하고 우선 중부 지역부터 최대한 사람들을 멕시코 국경 아래인 남쪽으로 이동시켜야 한다고 주장하고, 이동을 시작한 사람들은 일대 혼란에 휩싸이게 된다. 정말 이러한 일이 일어난다면 영화보다 더 심각한 혼란에 빠지게 될 것이다. 영화에서 기후학자는 급격한 지구 온난화로 인해 극지방의 빙하가 녹고 바닷물이 차가워지면서 지구 전체가 살인적 빙하기를 맞게 될 것이라고 예고한다.

첫번째 임무!
환경 뉴스에 귀 기울여라!

기후학자의 경고는 영화 속에서만 해당되는 것은 아닐 것이다.

대기업과 마을 주민의 환경소송을 다룬 영화
『에린 브로코비치』 스티븐 소더버그 감독, 줄리아 로버츠 주연

미국 캘리포니아 주에서 지하수 오염으로 인해 발생한 '힝클리 크롬 사건'을 바탕으로 1993년부터 1996년까지 진행된 사건의 진실 규명과 법정 투쟁과정을 영화화한 것이다. 이 사건은 사실 유해 중금속이 지하수를 오염시키고 주민들이 각종 질병에 시달리게 되는, 흔히 볼 수 있는 환경재난의 한 유형에 불과하다. 그러나 이 사건은 독특한 경력과 성격을 가진 에린 브로코비치라는 한 여성의 집념으로 진실이 밝혀졌고, 대기업이 오래전부터 사실을 알면서 위선과 거짓으로 은폐하려고 했기 때문에 미국 시민들의 커다란 관심을 끌었다.

변호사 사무실에서 서류 정리와 잡무를 담당하는 일을 하던 에린은 서류 중에서 이상한 의학기록들을 발견하게 된다. 그 일에 흥미를 느낀 에린은 진상을 조사하던 중 그 마을에 들어서 있는 대기업 PG&E의 가스 가압기지에서 유출되는 크롬 성분이 마을 사람들을 병들게 하고 있음을 알게 된다.

에린은 이 사실을 변호사에게 알리고 본격적으로 조사를 시작하였고, PG&E를 상대로 소송을 제기하기 위해 주민들을 설득하기 시작했다. 그녀는 결국 미국 역사상 최고의 배상금이 걸린 환경소송을 시작하게 된다. 소송이 진행되면서 놀랄 만한 사실들이 드러나게 되었다. PG&E는 이미 1965년에 자신들이 사용하는 부식방지제가 힝클리의 토양과 지하수를 오염시킨다는 것을 알고

있었다는 것이다. 그러나 회사는 이를 상관하지 않고 엄청난 양의 부식방지제를 아무런 조치 없이 근처의 연못에 무단으로 방류했다. 이 회사는 1987년에 힝클리 지역의 지하수를 자체 조사하여 환경기준치보다 10배나 높다는 사실도 알고 있었다.

법정 싸움은 4년에 걸쳐 진행되었다. 1993년 소송이 시작될 때 77명이었던 원고는 634명으로 늘어나게 되었고, 결국 상황이 불리해지자, 회사는 합의를 통해 소송을 끝내기로 결정했다. 재판정은 PG&E는 힝클리 주민들에게 3억 3,300만 달러라는 거액을 배상하고, 오염 지역을 정화해야 하며 문제가 된 6가 크롬을 더는 사용하지 말 것을 판결하였다. 2000년 기준으로 자본금 352억 9,000만 달러, 연간 매출액 262억 3,000만 달러나 되는 대기업이 보잘것없는 한 여성의 집념에 무릎을 꿇게 된 것이다.

진실 규명을 위해 모든 것을 건 변호사의 실제 이야기
『시빌 액션』 스티븐 자일리언 감독, 존 트라볼타 주연

이 영화는 지난 1980년대 미국 동부 매사추세츠 주의 워번에서 일어난 환경 사건의 법정실화를 다루었다. 1979년 미국 매사추세츠 주에 위치한 작은 마을 이스트 워번에서 산업폐기물에 의한 지하수오염이 발견된다. 그리고 그 마을의 백혈병 사망률이 갑자기 증가하게 된다. 그 백혈병 희생자 중 어린 아들을 잃은 앤은 환경오염으로 인한 비극에 대한 공식적인 책임소재를 묻기 시작한다. 그리고 그 마을에 위치한 대기업 베아스트리스 식품과 그레이스사

첫번째 임무!
환경 뉴스에 귀 기울여라!

그리고 유니퍼스트사의 공장폐기물이 그 원인임을 의심하게 된다.

앤은 같은 마을의 일곱 가구와 함께 식수 오염의 원인으로 여겨지는 기업을 상대로 소송을 제기하였다. 피소된 3개 기업은 TCE를 비롯한 각종 유해화학물질을 사용하는 공장을 이곳에서 오랜 기간 가동하고 있었다. 피소된 3개 회사 중 유니퍼스트사는 소송이 시작되기 전에 합의금으로 약 100만 달러를 지불하는 조건으로 빠져나갔고, 나머지 두 회사는 우물 오염에 책임이 있는지와 오염물질이 백혈병을 일으킨 것인지에 대한 진실 지임을 계속해야 했다.

결국 1986년 6월 배심원은 베아스트리스 식품에 대해서는 기각을 결정했고, 그레이스사에만 우물 오염에 책임을 묻는 판결을 내렸다. 그 후 미연방환경보호청이 우물에 대한 펌프 테스트 결과를 발표했는데, 놀랍게도 그레이스와 베아스트리스 모두 워번의 지하수를 오염시켰다고 결론지었다. 특히 베아스트리스사의 공장부지가 가장 큰 오염원이었다고 보고했다.

실제 이 사건은 9년여에 걸친 소송으로 쉴리크만 변호사는 파산지경에 이르게 되었지만, 그의 분투기는 소설과 영화로 소개되면서 그는 유명한 환경운동가로 인식되고 있다.

환경보호청은 50년에 걸쳐 총 6,940만 달러가 드는 최대 규모의 정화계획을 시행하게 되었다.

반핵운동의 계기가 된 카렌의 사건을 그린 영화

『**실크우드**』 마이크 니콜스 감독, 메릴 스트립 주연

핵 사고를 은폐하는 대자본의 횡포를 날카롭게 비판한 환경영

화이다. 오클라호마 주에 있는 시마론 핵연료 재처리 공장에 다니던 한 여성이 에너지 위기라는 말과 함께 세계가 일제히 원자력 발전을 향해 치닫기 시작하던 무렵인 1974년 11월 3일 의문의 교통사고로 세상을 떠난 사건이 있었다. 그녀는 공장 측의 안전 미비로 방사능에 오염되자 이 같은 사실을 폭로하기 위해 자신이 수집한 정보 자료를 갖고 뉴욕타임즈 기자를 만나러 가던 길에 자동차 사고를 당한 것이다. 영화는 이 여성의 이야기를 다룬다.

실크우드는 오클라호마에 있는 원자력발전소에서 플라토늄 연료봉을 만드는 노동자였다. 그러던 어느 날 실크우드는 작업 중에 방사능에 노출되어 작업 부서를 바꾸게 된다. 그녀는 회사가 이 일을 건성으로 처리하는 것을 보게 되었고, 발전소가 오염사고로 잠시 폐쇄되자 그녀는 이 일에 대해 노동조합을 중심으로 회사 측과 싸우게 된다. 일단 승리를 거두었지만 이후 그녀는 회사로부터 심한 탄압을 받게 되고 동료 노동자들도 그녀를 피하기 시작한다. 그러나 그녀는 이에 굴하지 않고 회사가 저지른 부정의 증거를 잡기 위해 각고의 노력을 기울인다. 결국 그녀는 뉴욕타임즈 기자를 만나 이 사건의 진실을 알리고자 한다. 하지만 진실을 밝힐 자료를 갖고 기자를 만나러 가던 도중, 그녀는 고속도로에서 차사고로 사망하게 된다. 경찰은 차 안에서 신문사에 넘기려던 자료를 찾지 못했다고 발표하고, 이 사고를 단순한 자동차 사고로 단정하며 영화는 끝이 난다. 실제 실크우드의 죽음에 대해서 노동조

첫번째 임무
환경 뉴스에 귀 기울여라!

합단체와 부인단체 그리고 환경보호단체로부터 수차례에 걸친 재수사 요청이 있었지만 FBI는 재수사 요청을 거부하고 말았다. 그러나 이 사건은 반핵운동이 확산된 하나의 계기가 되었다.

인류 생존을 위협하는 환경문제의 심각성을 다룬 다큐멘터리 『11번째 시간』
나디아 코너스, 레일라 코너스 피터슨 감독, 레오나르도 디카프리오 스티븐 호킹 등 출연

제목인 '11번째 시간'은 인류 멸망의 시간 즉, 12시에 임박한 지구의 위기를 표현한 것이다. 할리우드 스타 레오나르도 디카프리오, 물리학자 스티븐 호킹, 제임스 울시 전 미국 중앙정보국(CIA) 국장 등 저명인사들이 출연해 세계 곳곳에서 벌어지는 환경재앙들을 소개한다.

2007년 칸 국제영화제에서 특별상영작으로 소개된 이 영화는 지구 온난화에 대한 강열한 메시지를 담고 있다. 디카프리오는 내레이션과 제작을 담당하면서 환경에 대한 자신의 진지한 의견을 밝히고 있다.

이 영화는 전 지구적 환경문제가 기술적 문제 때문이 아니라, 정책적으로 막지 않는 정치 지도력 때문이라고 주장하고 있다. 또한 환경문제를 막을 수 있는 해답을 '솔루션'이라는 부가영상 코너에 제시하고 있다. 이 코너를 통해 사람들이 자연을 위해 일상 속에서 실천할 수 있는 것들을 소개하고, 오염된 환경에 대한 해결책을 제시하는 등 상당히 현실적인 내용으로 구성되어 있다. 자연의 원리를 모방한 기업을 만들어 환경문제를 줄이자는 해법을 제시하는 등 문제와 해법을 동시에 제시하는 점에서 앨 고어의 『불편한 진실』과 차별화된다.

그 밖에 환경의 중요성을 다룬 영화들

펠리칸의 멸종을 막기 위해 유전 사업을 정지시킨 재판소송을 다룬 『펠리칸 브리프』(알란 J. 파큘라 감독, 줄리아 로버츠 주연)와 1970년대 후반 핵에너지 문제를 다룬 『차이나 신드롬』(제임스 브리지스 감독, 제인 폰다 주연)이 있다. 또한 『어느 날 그 길에서』(황 윤 감독, 최태영 주연)는 야생동물 교통사고에 대한 국내 최초의 본격적인 조사를 기록한 영화로 생태주의적 관점에서 경제 논리의 개발이 불러온 여러 문제를 제기한다.

나 경감의 사건일지
환경오염 주범을 잡아라!

#3. 독극물 위에 세워진 학교, 러브커넬 사건

화창한 월요일 아침, 나 경감에게 손님이 찾아왔다. 손님은 바로 마이클 브라운이라는 지방신문기자와 로이스 깁스라는 학부모였다. 이들은 자신을 소개하며 나 경감에게 협조를 부탁했다. 사건의 전말은 이러하다.

1892년 윌리엄 러브라는 야심 많은 사업가가 미국과 캐나다의 국경에 위치한 나이아가라 폭포 주변에 약 10㎞에 해당하는 운하를 건설하여 선박을 운항하고 발전소를 세우는 계획을 추진하였다. 당시에는 직류를 사용해서 장거리 송전이 불가능하였기 때문에 이곳에 발전소를 세우면 많은 공장을 유치할 수 있음은 물론, 인구 20만 내지 100만에 이르는 대도시가 건설될 것으로 예상하였다. 러브의 운하 건설 계획은 주정부로부터 좋은 반응을 얻어 승인과 지원을 받게 되었다.

그러나 1.6㎞ 정도의 운하가 만들어져 갈 무렵 미국의 경제 불황으로 인해 은행이 파산하여 이 회사는 재정적 어려움을 겪게 되었다. 게다가 1894년 니콜라 테슬라가 장거리 송전이 가능한 교류전류를 발명

하여 러브의 사업 계획이 별 의미가 없게 된 것이다. 결국 러브는 길이 1.6㎞, 넓이 14㎡, 깊이 3~12m의 러브커넬(Love Canal)이라 불리는 불명예스러운 웅덩이만 남기고 1910년 사업을 중단하고 말았다.

그 후 몇십 년간 러브커넬은 방치되어 있다가 1940년대에 들어와 후커케미칼이라는 화학공장에서 인수하였다. 후커케미칼은 공장에서 버리는 화학물질을 55갤런 철제 드럼통에 넣어 이 운하에 매립하였다. 1941년 후커케미칼은 러브커넬이 진흙으로 이루어진 것을 알고 이곳이 공장에서 나오는 유독성 산업폐기물을 매립하기에 매우 적절하다고 판단하여 1942년 인수계약을 체결한 것이었다.

후커케미칼은 1942년부터 1950년 사이에 무려 2만여 톤의 유독성 화학물질을 이 운하에 매립하였다. 또한 나이아가라 시도 시에서 발생하는 쓰레기를 매립하였고, 미 육군도 2차 대전 시 무기개발을 위한 맨해튼 프로젝트에서 발생한 유해성 쓰레기를 이곳에 매립하였다. 1953년 화학공장은 이 땅을 1불에 판매하는 형식으로 나이아가라 시 교육위원회에 기증하였다. 2년 후 교육위원회는 이 땅에 초등학교를 건설하였고 일부는 주택지로 사용하였다.

이곳에 학교가 세워진 이후 아이들은 운동장에서 나온 이상한 화학물질에 돌을 던지면 돌이 연기를 내면서 부식하는 것을 보면서 놀았다. 당시 환경에 관한 지식이 부족하여 이러한 현상에 대해 시민들이나 학

첫번째 임무!
환경 뉴스에 귀 기울여라!

교 당국은 별 관심을 보이지 않았다고 한다. 1970년대 초 건물 지하실에서 가끔 이상한 물질이 나오거나 하수구가 검은 액체에 부식하는 일이 있었으나 시 당국 역시 별 관심을 기울이지 않았다.

이 지역에 사는 주민들은 그 후 피부병과 두통으로 자주 고통을 당했다. 1976년 큰 홍수가 있은 후 지역의 가로수와 정원의 꽃이 죽어갔으며 수영을 즐기던 연못에서는 유해성 화학물질이 다량 검출되었고 토양에서도 유독물질을 포함한 물이 표면으로 나왔다. 또한 많은 주민들이 신체의 통증을 호소하기 시작하였다.

1977년 시 당국이 이 지역에 대한 조사를 시작하여 지하수가 유독성 화학물질로 심하게 오염된 것을 발견하였으나 이 같은 사실이 알려진 후에도 학교와 당국은 아무런 조취를 취하지 않았다.

이에 마이클 브라운과 로이스 깁스가 이 사건을 파헤치게 된 것이다. 그들의 이야기를 주의 깊게 들은 나 경감은 한동안 말이 없었다. 얼마 후 나 경감은 이미 사건은 밝혀졌으니 자신이 도울 일은 없을 거라며 그들의 노력에 경의를 표했다.

그 후 신문보도와 청원 등으로 인하여 뉴욕 주 보건 당국은 이 지역에 역학조사를 실시하였다. 조사결과 이 지역 주민들의 유산율이 타 지역에 비하여 4배가 높다는 것을 밝혀냈다. 또한 1973년에서 1978년 사이에 출생한 16명의 어린이 중 9명이 정신박약, 심장 또는 신장질환 등

심한 선천성 기형아라는 것이 보고되었다.

1978년 8월 뉴욕 주 보건 당국은 이 지역에 거주하는 238가구에게 이 지역을 즉시 떠날 것을 명령하였다. 문제의 심각성을 파악한 미연방환경보호청에서는 새로운 조사를 시작하였고 1980년 5월 카터 행정부는 주변의 810가구를 추가하여 이 지역을 환경재난 지역으로 선포하고 사람의 거주를 금지시켰다. 그리고 문제의 초등학교는 폐쇄되었다. 그 후 주민들로부터 수많은 손해배상 소송이 제기되었다. 그들이 요구하는 배상액이 수십억 달러에 달하였으나 책임의 대상이 없었다. 그 후 미국 정부는 이 지역을 정화하기 위하여 1억 달러 이상을 소모하였다.

#4. 전 유럽을 뒤덮은 방사능 물질, 체르노빌 사건

나경감은 발길을 유럽으로 돌려 스웨덴의 한 원자력 발전소를 방문하게 되었다. 1986년 4월 28일 아침, 그 발전소의 계기판을 보고 나경감은 깜짝 놀랐다. 발전소 곳곳에 방사능 수치가 높게 나타났고 자신의 신발에도 원인 모를 방사능 물질이 묻어 있는 것을 알게 되었다. 즉시 스웨덴 전 지역에 있는 원자력 발전소와 방사능 관측소에 이상 여부를 의뢰해본 결과 다른 지역 역시 동일한 의문을 제기하고 있었다. 관측된 방사능 물질을 분석해 보았더니 원자로에서 핵 분열시 생성되는 크립톤, 요오드, 세슘 등이었다.

나경감은 원인을 찾기 위해 지난 며칠 동안 바람의 방향을 분석했다. 그리고 회심의 미소를 지으며 구소련의 원자력 발전소를 범인으로 지목했다. 그날 저녁 모스크바 방송국은 우크라이나 지방 체르노빌에 위치한 원자력 발전소에서 사고가 발생했음을 보도했다. 이미 3일 전에 터빈 중지 실험을 하던 한 근무자의 실수로 원자로가 폭발한 것이다. 원자력 발전소에서는 핵 분열시 원자로에서 발생하는 열을 이용하여 물을 끓이고 여기서 나오는 증기로 터빈을 돌려 전기를 얻는다. 원자력 발전소에서는 핵 분열시 원자로에서 발생하는 열을 이용하여 물을 끓이고 여기서 나오는 증기로 터빈을 돌려 전기를 얻는다. 이때 원자로 가열을 방지하기 위해 감속제를 이용하여 핵분열 반응속도를 조절하고 냉각제로 온도를 조절하는데, 만약 원자로가 과열되면 폭발하여 핵물질이 자연계에 누출되는 것이다.

1986년 4월 25일 이 발전소에서는 원자로에서 핵분열이 중단될 때 관성의 힘으로 얼마나 오랫동안 터빈이 돌아가 발전이 가능할 것인지에 대한 실험이 진행되고 있었다. 불행히도 4호기 원자로 실험 도중 원자로 자동 냉각계에 관한 수칙이 지켜지지 않았고 결국 4월 26일 새벽 1시 23

분 원자로가 과열로 인해 폭발하여 8톤가량의 방사능 물질이 대기 중에 방출되었다. 수천 톤의 철과 콘크리트로 만들어진 원자로 차단벽은 단 몇 초 만에 폐허가 되었고, 원자로 내부의 핵연료는 수천 도의 온도에서 핵 화산과 같이 불타버렸다. 일본 히로시마 원폭 투하 때보다 1,000배나 많은 방사능 물질이 방출된 것이다.

원자로가 폭발한 후 10일간 방사능 물질이 계속 유출되었다. 유출된 방사능 물질은 암, 백혈병, 사산과 기형아 발생을 유발하는 물질로 기류를 타고 사고 지점으로부터 수천 km 떨어진 곳까지 이동하여 폴란드 국경을 거쳐 핀란드 남부, 노르웨이, 스웨덴, 그리고 영국과 스페인을 포함한 전 유럽과 일부 북부 아프리카 지역까지 뒤덮게 되었다.

이 사고로 인해 현장에서 근무하던 원전 근로자 31명이 사망하고 사고 후 방사능 중독으로 42명이 추가로 사망했다. 또한 사고 지역 내의 많은 건물을 비롯해 자연 생태계가 심하게 오염되어 발전소로부터 30km 이내에 거주하던 약 13만 5,000여 명이 이주해야 했으며, 누출된 방사능 물질이 상수원인 주변 호수로 확산되어 우크라이나와 러시아 지역 3,000만 명이 위험에 처하게 되었다. 현재 체르노빌 원전의 1호기와 3호기는 여전히 가동 중에 있다. 이 중 3호기에서 1996년 4월 24일 밤 또다시 사고가 발생했다.

첫번째 임무!
환경 뉴스에 귀 기울여라!

미리 체험해 보는
환경공학과 원정기

환경공학과에서는 무엇을 배울까?

환경공학과에서는 자연을 구성하는 물, 대기, 토양, 그리고 생태계에서 일어나는 물질변화와 그 속에서 생명을 유지하는 인간의 삶을 공부하고 오늘날 우리가 겪고 있는 환경문제의 원인과 해결 방안을 연구한다. 즉, 인간과 자연의 유기적 관계와 환경문제의 원인을 규명하는 환경과학, 환경오염물질의 경제적이고 효과적인 처리 기술과 파괴되고 오염된 자연의 복원 기술을 연구하는 환경공학은 물론 이를 정책이나 법률로 연결하는 환경정책과 법규 등을 모두 배우게 된다.

환경공학과의 교과 목표는 환경오염의 발생요인에 따라 오염물질을 분석하고 오염도를 평가할 수 있는 분야별 전문지식을 배양하여 환경을 관리하는 능력을 기르는 것이다. 따라서 환경오염물질을 줄일 수 있는 방법과 기술을 개발할 수 있는 이론과 실험을 함께 공부하며, 환경오염물질을 처리할 수 있는 최적의 장치와 설비를 설계하기 위한 기술과 운전능력을 배우게 된다. 또한 오염물질의 발생에서부터 처리

미리 체험해 보는
환경공학과 원정기

까지 효율적인 관리와 통제능력을 기르고, 국가 환경정책과 유엔을 중심으로 이루어지는 국제환경협약을 공부한다. 뿐만 아니라 환경업무를 담당하는 기술인이라면 누구나 갖추어야 할 환경을 중요하게 여기는 마음과 봉사정신도 교과과정을 통해 기르게 된다.

기초를 탄탄히 하기 위한 전공기초과목

환경공학과에 입학하게 되면 전공에 필요한 기초과목을 먼저 배우게 된다. 일반화학, 일반물리학, 일반생물학 등이 그것인데, 고등학교 때 공부한 내용들을 보다 깊이 있고 체계적으로 배운다. 기초과목 학습은 앞으로 공부하게 될 환경공학을 위한 준비 과정이다.

일반물리학

환경공학을 전공하려는 학생들은 우선 모든 자연과학과 공학의 기초가 되는 물리학의 기본개념과 원리를 배워야 한다. 이 과목을 통해서 힘과 운동, 열역학, 전기와 자기, 빛과 광학 등에 대해 공부한다.
물리학의 기본개념이 우리의 일상생활 속에 어떻게 연관되어 있고, 지금의 과학 발전에 어떤 공로가 있는지를 살펴봄으로써 더욱 명백하고 논리적으로 개념을 익히게 된다. 자연현상을 물리적으로 체계화하고, 체계화된 법칙으로부터 문제해결 능력을 기를 수 있다.

일반화학

환경공학도가 갖추어야 할 화학의 기본개념과 원리를 다루고 있다. 일반화학을 통해 원자, 분자, 화학반응 등을 이해하고 화학반응의 종류에 대해서도 배운다. 또한 기본적인 개념을 바탕으로 화학 전반의 기본이 되는 화학반응속도론, 화학평형, 산염기론, 유기 및 생화학 등도 배우게 된다.

일반생물학

생물학 전반에 걸쳐 있는 기본개념과 원리를 다루고 있다. 세포의 구성과 기능, 세포의 분열과 유전, 유전자 발현의 기본원리, 그리고 진화의 기본개념을 이해하는 것을 목표로 한다. 생물학에 대한 전반적인 이해를 통해 생명 기술이 야기할 수 있는 윤리적 또는 환경적 문제에 대해 바른 생각을 갖도록 하는 것이 이 과목의 목표다.

유체역학

유체역학은 기체와 액체 등 유체의 운동을 다루는 물리학의 한 분야로 공학의 여러 부분과 밀접하게 연관되어 있다. 환경공학에서도 대기와 물의 흐름에 직접적으로 응용되는 만큼 잘 이해해 두어야 한다. 자연계 내에서 오염물질 이동을 추적하는 데 유체 흐름에 관한 지식은 필수적이다. 환경공학에서는 강, 호수, 지하수, 바다 등 수체에서 일어나는 에너지를 고려해 운동량과 힘 등을 정량적으로 이해한다.

또한 유체역학 이론을 습득하여 환경오염 방지시
설의 설계와 시공에도 응용한다.

미분적분학

미분적분학은 자연과학, 공학, 경제학
등 많은 분야에서 필요한 기초 수학이다.
이 과목에서는 함수와 극한, 도함수, 적분
법 등을 배우고 이를 원활하게 응용할 수 있도록 한다. 여기서 배운 지
식은 수질관리, 대기관리 등 여러 전공과목에서 활용된다.

환경과학 관련 과목

환경문제를 해결하기 위해서는 그 원인과 피해를 과학적으로 규명하
는 것이 필요하다. 또한 지구와 생태계의 기본 원리, 인류의 삶과 산업
문명의 문제점, 그리고 환경에서 일어나는 물리, 화학, 생물학적 반응
과 변화요인을 이해해야 한다. 이런 내용을 다루는 분야로 환경공학
과에서 일반적으로 개설되는 과목은 다음과 같다.

환경공학개론

환경과학과 환경공학에서 다루는 학문영역을 소개하는 것은 물론 전
공과목을 이수하는 데 필요한 기초지식을 다루고 있다. 생태계의 기
본원리, 지구환경문제, 여러 오염현상과 대책 등에 대해 공부한다. 또

한 현재 널리 활용되고 있는 환경 기술에 대해서도 배운다. 그리고 환경재난 사례 등을 통해 현재의 환경문제에 대해서도 생각해 보는 기회를 갖게 된다.

환경미생물학

이 과목을 통해 생태계에서 분해자 또는 생산자로서 중요한 역할을 하고 있는 미생물의 진화과정과 특성, 자연환경이 미생물에 미치는 영향과 미생물이 자연환경을 변화시키는 과정 등을 이해할 수 있다. 또한 환경오염물질의 생물학적 처리 및 관리 기술을 배우게 된다. 환경 관련 공정에 미생물을 응용하는 방법의 소개과정으로 효소, 물질대사 반응, 에너지 전달 등에 대한 지식과 처리장에서의 미생물의 배양 기술도 배운다.

환경화학

환경공학에 사용되는 주요 화학이론을 다루고 있다. 자연계에서 일어나는 화학반응을 살펴보고, 열역학의 기본개념과 법칙, 물질의 상태변화 등을 배운다. 또한 오염물질 측정에 필요한 분석화학 기초지식을 공부하며, 정수와 폐수 처리, 대기오염 제어, 폐기물 처리 등에 필요한 화학반응 등을 배운다.

미리 체험해 보는
환경공학과 원정기

수문기상학

수문기상학은 지구의 물 순환과정과 기상현상을 다루고 있다. 지표상에 존재하는 지표수와 지하수의 공간적 분포 특성과 그 이동에 대하여 물의 유입과 유출을 중심으로 강수, 지표수와 지하수의 유동, 유출, 증발산 등을 다룬다. 또한 지구 온난화, 도시화 등 환경변화가 기상현상에 미치는 영향도 공부한다.

환경생태학

생태계의 구조와 기능, 생물과 무생물의 관계, 에너지 흐름, 물질 순환 등 환경공학에 필요한 생태학 분야를 다룬다. 인간에 의한 생태계의 이상 현상을 검토하고, 현재 우리가 겪고 있는 환경문제들이 어떻게 생태계의 물질순환과 연계되어 있는지 배운다. 또한 생물멸종의 원인과 대책, 훼손된 생태계의 복원 등도 공부한다.

환경독성학

환경오염물질의 생물화학적 특성과 그 영향을 공부하는 과목으로 독성물질이 생물체 내로 흡수, 축적되고 이동하는 과정 등을 다루고 있다. 물, 대기, 토양 등에 존재하는 유독성 화학물질, 중금속 등이 동물과 식물에 미치는 영향과 생태계 먹이사슬을 따라 이러한 물질이 농축되어 가는 과정 등을 배운다. 또한 인체에 미치는 독성 메커니즘과 환경성 질환 등에 대한 지식을 배우는 것은 물론 환경독성 측정방법과 환경위해성평가 등도 공부한다.

환경공학 관련 과목

환경공학 관련 과목들을 통해서는 오염되고 파괴된 환경을 정화하고 복원하며 관리하는 내용들을 배우게 된다. 주로 환경오염물질을 처리하고 관리하는 기술과 필요한 시설을 설계하고 운영하는 방법을 공부한다. 주요 과목들은 다음과 같다.

수질오염학

이 과목을 통해 수자원의 종류와 특성을 알고, 물의 순환과정에서 발생하는 수질오염의 현상과 수질오염원의 종류인 점오염원과 비점오염원에 대한 개념을 이해한다. 세계적으로 유명한 수질오염 사건의 원인과 대책을 파악하면서 실례를 통해 이해의 폭을 넓힌다. 또한 영양물질, 중금속 등 자연과 생활환경에서 중요시되는 수질오염 항목의 분석 기술에 대한 원리와 방법을 이론과 실습을 통하여 습득한다.

대기오염학

대기오염물질의 성질과 배출원, 인체와 생태계에 미치는 영향, 오존층 파괴와 산성비 등의 원인과 대책 등 대기오염 전반에 대해 다루고 있다. 대기오염에 대한 지식을 배우는 것은 물론 실험을 통해 대기오염 배출원의 오염물질을 분석한다. 또한 오염물질 분석과 관련한 공

정시험방법, 기기분석법, 데이터 해석방법과 처리장치 성능측정 등도 배운다.

토양오염학

이 과목을 통해 토양과 토양오염에 관련된 기초이론을 습득하고 토양의 분류와 기본성상, 토양오염원의 종류에 대해서 바우게 된다. 토양 속에서 일어나는 물리적 · 화학적 · 생물학적 반응들에는 어떤 것이 있는지, 그리고 이를 이용한 토양오염 복원 기술의 증류와 특징은 무엇인지를 배운다. 또한 오염토양 복원 사례에 대해서도 공부한다.

수질관리

하천, 호수, 하구 등의 특성과 수질변화 과정을 이해하고 이를 관리하는 원리, 방법, 대책 등을 다룬다. 특히, 자연수체의 수질관리를 위한 주요 도구로 사용되는 수질모델의 원리와 개발과정 그리고 적용방법을 수체의 특성에 따라 공부한다.

소음진동학

이 과목은 소음진동의 기본개념, 발생, 전파, 생활환경과 인체에 미치는 영향 등을 다루고 있다. 이 문제들의 발생과 피해 그리고 이에 대한 효과적인 대책을 수립하기 위해 이러한 현상들이 나타나는 물리화학적 원리를 배운다. 국내외의 피해 현황을 살펴보며 이를 방지하고 줄이기 위한 기술적, 정책적 측면도 검토한다.

상수도공학

정수처리 원리와 일반적인 단위공정인 응집, 침전, 소독 등 물리화학적 처리공정을 다룬다. 수돗물은 어떻게 제조되는지 그 제조공정을 배우며, 시스템의 효율을 높이기 위한 고도정수 처리과정인 흡착, 이온교환, 막분리에 대해 학습함으로써 수처리시설의 설계에 응용할 수 있도록 한다.

폐기물처리공학

폐기물의 종류와 특성, 처리상에 필요한 공학적인 이론과 기술에 관한 내용을 다루고 있다. 폐기물의 감량을 주목적으로 하는 소각이나 열분해 등의 화학적 처리와 깨뜨려 부수는 등의 물리적 처리 등에 대한 내용을 배우며 인간의 생활과 산업 활동 등으로 발생한 폐기물 재활용, 감량 후 남은 물질들을 최종 매립 처분하는 기술, 시설, 설비, 장치와 설계 등에 대하여 학습한다.

미리 체험해 보는
환경공학과 원정기

환경생물공학

생물공학적 원리가 환경공학에 적용된 사례를 통해 미생물의 공학적 응용에 대해 배운다. 미생물을 이용하여 오염물질의 배출을 방지하거나 유기성 폐기물을 재이용하고, 독성오염물질을 처리하는 등 오염된 환경을 정화하는 방법 중 미생물을 응용하는 방법에 대해 연구한다.

대기관리

대기오염물질의 배출원, 인체와 생태계에 미치는 영향, 환경과 배출 허용기준, 광화학 스모그, 온실효과, 오존층 파괴 등의 원인 및 대책 등에 관해 학습한다. 주요 대기오염물질의 대기권에서의 물리화학적 반응 메커니즘에 대하여 종합적으로 다루고 우리나라의 대기질 현황과 관리 정책에 대해서도 배운다.

폐수처리공학

이 과목에서는 폐수발생원과 폐수량의 산정방법을 배우고 폐수를 효율적으로 처리하기 위하여 생활하수와 산업폐수 처리에 응용되는 물리적, 화학적, 생물학적 처리공정의 이론과 설계방법을 배운다. 산업폐수의 처리계획, 수질조사방법, 배출량 산정 등을 습득하고 업종별 폐수의 특성과 처리공정 등을 알 수 있다.

처리시설 실험 및 설계

이 과목을 통해 오염물질 처리시설 설계와 공법에 관한 기본적인 지식을 습득할 수 있다. 실험을 통해 오염물질 처리시설 설계에 필요한 자료를 구하고 이를 기초로 최적 설계에 도달하는 방법도 공부한다. 또한 처리실험 자료해석, 처리효율, 시설 운영방법 등을 이해한다.

대기오염방지공학

대기오염물질의 종류와 특성에 따른 처리 기술의 원리와 적용방법을 공부한다. 대기오염물질을 제거하기 위한 소각, 집진(먼지 모으기), 습식 세정(물청소) 등에 필요한 시설 재료와 운영 방안을 공부한다. 특히, 유해가스, 악취, 자동차 배기가스 등의 처리 기술을 주요하게 다룬다.

환경정책 및 기타 과목

환경공학과에서는 환경문제 해결에 필요한 과학적이고 기술적인 내용뿐만 아니라 정책, 법규, 언론, 정보 등 다양한 분야의 과목도 공부한다. 주요 과목들은 다음과 같다.

환경정책 및 법규

환경법의 특징과 법적 원리, 우리나라 환경법의 체계 등에 대해 배운다. 또한 국제 환경 협약, 외국의 주요 환경정책, UN의 역할 등에 대해서도 다루고 있다. 환경정책과 환경법은 어떠한 과정을 거쳐 오늘

에 이르게 되었는지 역사적 변천과정과 환경정책의 목
표, 원칙, 효율성 등도 배운다.

환경영향평가

인간의 개발행위가 자연환경과 사회경제문화 등에 미
치는 영향이 무엇인지 이를 예측하고 피해를 최소화하기
위한 대책을 공부한다. 또한 환경영향평가 제도는
어떻게 운영되는지, 개발 사업에 따른 환경영향요소와 영향 요인은
어떠한지를 익히고 환경영향평가법과 평가서 검토 및 작성방법도 배
운다.

환경언론학

한국 사회의 주요 환경 현안들에 대해 언론이 어떻게 다뤄왔는지를
비판적으로 검토하고 언론인과 취재원의 관계, 뉴스제작 과정, 의제
설정 등 환경보도가 이뤄지는 내부과정을 이론적으로 배운다. 또한
여기서 얻은 지식을 바탕으로 기존 환경보도에 대한 지면분석을 시도
해 본다. 위험요소가 있는 보도나 갈등요소가 있는 보도에 대해 환경
언론의 객관성을 분석해 봄으로써 환경 언론에 대한 이해의 폭을 넓
힌다.

환경정보학

환경정보의 특성, 환경정보 관리시스템과 분석방법 등을 공부하고, 환경정보를 토대로 환경관리 최적 대안을 도출하는 기술을 이해한다. 환경정보 관리를 위한 주요 도구인 지리정보시스템 사용방법을 배우고 이를 대기환경예측평가시스템, 물환경정보시스템 등에 활용한다. 또한 현재 국내에 구축된 다양한 환경정보시스템으로부터 시공간적 자료를 취득하고 통계처리하는 기술도 배운다.

환경경영학

환경문제를 기업경영의 관점에서 접근함으로써 기업 활동과 연관되는 환경문제의 본질에 대한 이해를 넓힌다. 또한 구체적으로 새로운 기업경영 패러다임으로 대두되고 있는 환경경영에 대한 이론적 체계와 응용에 대해 배운다.

미리 체험해 보는
환경공학과 원정기

학과의 특성에 따라 개설된
다양한 과목들

환경유기화학

환경공학에서 필요한 유기화학의 기초를 다루며 유기화합물의 명명법, 구조, 제조방법 및 물리적, 화학적 성질 등을 배운다.

환경통계학

환경공학에 이용되는 확률과 통계에 관한 기본개념을 다룬다.

환경물리화학

기체, 고체, 액체의 성질, 열역학의 기본개념 등 환경공학에 필요한 물리화학의 기초적인 법칙과 현상, 반응속도론 등에 관한 이론 등을 다룬다.

환경구조역학

환경오염 방지시설의 설계와 시공에 채택되는 각종 기계와 시공에 많이 도입되는 재료의 특성을 소개하고 구조물의 역학적 지식을 이론적으로 다룬다.

환경위생학

인류의 생활에 영향을 주는 대기, 수질, 토양, 주거 환경의 질적 영향과 관리방법을 다루고 인체생리학, 독물학, 전염병학 등에 대해 개괄적으로 소개한다.

환경수치해석 및 모델링

환경공학 분야에 적용되는 선형·비선형 연립방정식과 미분방정식의 수치적 해법과 이를 근간으로 환경시스템의 모델링에 의한 해석기법을 학습한다.

환경공학과에 관한 오해와 편견

Q 환경공학과에 진학하려면 물리를 잘해야 한다?

A 대부분의 공학 분야가 물리를 많이 필요로 하고 있다. 그러나 환경공학과는 물리에 관한 지식을 기본적으로 요구하고 있지만 생물학이나 화학을 더 중요시한다. 환경공학은 공학 중에서 물리를 가장 적게 요구하는 분야이다.

Q 환경공학과는 여자들이 공부하기 힘든 학과이다?

A 국내는 물론 해외에서도 공과대학 중에서 여자가 가장 많이 진학하는 학과가 바로 환경공학과이다. 이것은 아마 자연을 사랑하는 마음이 여자가 더 강하기 때문이라고 생각된다. 타 공학 분야에 비해 여성의 사회 진출이 가장 높은 분야 역시 환경이다.

Q 환경공학과를 나온 학생들은 반 이상 공무원 준비를 하고 있다?

A 환경공학은 공무원 진출이 가장 많은 분야 중 하나이며 졸업생들이 선호하는 분야 중 하나가 공무원인 것은 사실이다. 환경부나 국토교통부, 해양수산부 등과 같은 환경직 공무원을 필요로 하는 중앙정부뿐만 아니라 시도 읍면에 이르는 지방자치단체에서 환경공학을 전공한 공무원을 많이 필요로 하고 있다. 그러나 실제로 환경공학과 졸업생 중 공무원을 준비하는 학생은 10~20% 정도에 불과하다.

미리 체험해 보는
환경공학과 현장

Q 환경과 출신은 환경 분야에서 환영받지 못한다?

A 환경이 각광받는 분야로 등장하자, 많은 학과들이 명칭에 환경이라는 이름을 넣고 있다. 지구과학도 환경지구과학, 생물공학도 환경생물공학 하물며 농과대학이나 가정대학에 있는 학과들도 환경생태공학이나 주거환경학과 등으로 환경이라는 말을 집어넣은 경우가 있다. 이런 학과는 명칭에만 환경이 붙어있지 실제로 하는 공부는 환경과는 다소 거리가 있다. 환경과 출신이 환경 분야에서 환영받지 못한다는 것은 이름에만 환경이 붙은 과 출신들이 실제로 환경에 관한 지식이 부족해서 나온 말로 추정된다.

Q 환경공학은 토목공학과 비슷하다?

A 환경공학은 토목공학과 관련성이 있다. 그러나 토목공학과 환경공학이 다루는 학문 대상은 크게 다르다. 토목공학은 도로나 교량, 댐 등을 건설하는 것이 학문 대상인 데 비해 환경공학은 병든 자연을 치료하고 쾌적한 환경을 가꾸어 가는 것이 대상이다.

Q 환경공학과는 대학원까지 나와야 좋은 직장을 갖는다?

A 환경공학은 다른 공학에 비해 연구 분야의 직장이 많기 때문에 나온 이야기이다. 물론 대학원을 졸업하면 안정된 좋은 직장을 갖게 되지만 건설 회사, 엔지니어링 회사, 공기업, 금 공기관 등에는 대학 졸업생을 대상으로 환경 전문 직원을 모집한다.

환경공학과 연구실을 탐방해 보자

대학생들도 실제로 연구를 할 수 있을까? 고개를 갸웃하는 친구들도 있겠지만, 충분히 연구에 참여할 수 있다. 대학에서는 학생들이 교과목을 공부하면서 실제 연구에 참여하는 기회를 제공하고 있기 때문이다. 환경공학과에서는 환경문제에 능동적으로 대처하고 오염방지에 공헌할 수 있는 유능한 전문 기술인을 양성하기 위하여 학과 내 교수와 대학원생을 중심으로 연구실을 운영하고 있다.

환경공학과에 마련된 연구실에서는 자연계에서 일어나는 현상을 규명하는 것부터 오염물질을 처리하는 것은 물론 오염물질이 생물과 인체에 미치는 영향을 분석하는 것에 이르기까지 다양한 연구가 진행되고 있다.

학생들은 관심 분야에 따라 연구에 참여할 수 있다. 자, 환경공학과에 있는 주요 연구실을 구경해 보자.

미리 체험해 보는
환경공학과 원정기

더러운 폐수를 청정수로 재생한다 – 폐수처리 연구실

이곳에서는 생활하수, 산업폐수, 축산폐
수 등 자연계에 배출되었을 때 수질오염
을 야기할 수 있는 물을 맑고 깨끗한 물로
재생하는 공학적 방법을 연구한다. 하수와
폐수에는 유기물, 영양물질, 중금속, 유독성
화학물질 등 오염물질이 많이 포함되어 있다. 이 오염물질을 효과적
으로 제거하는 것이 바로 이 연구실의 주 관심사이다. 많이 사용되는
방법으로는 미생물을 이용하는 생물학적인 공법, 화학물질을 첨가하
여 제거하는 화학적인 공법 그리고 미세한 구멍이 뚫린 막을 이용하
는 막분리 공법 등이 있다. 정화과정에서 나오는 찌꺼기를 처리하는
연구 또한 수행한다.

하천, 호수, 바다를 맑고 깨끗한 자연의 물로 관리한다 – 수질관리 연구실

하천이나 호수, 하구, 항만 등에서 일어나는 수질변화 현상이 어떠한
것인지를 규명하고 이를 과학적이고 체계적으로 관리하는 방법을 연
구하는 곳이다. 자연수체에서 일어나는 오염물질의 이동, 확산, 자정
작용과 녹조현상, 생태계 변화 등이 주요 연구대상이다. 또한 비가 내
리면서 하천이나 호수의 유역에 오염물질이 유출되거나 수체로 유입
되는 과정에 대해서도 연구하게 된다. 보다 정확한 연구를 위해 현장
조사를 하고, 위성영상분석과 지리정보시스템 등을 활용하여 유역과

수체에서 일어나는 수질변화를 수식으로 표현한다. 컴퓨터에 재현하는 수질모델을 연구 도구로 사용하며 결과는 환경영향평가, 환경정보화 등에 활용된다.

돌고 도는 지구의 물, 순환 고리를 찾아라 – 수문기상학 연구실

지구 표면의 물은 대기로부터 강수에 의해 공급이 되고, 대기 중의 수분은 다시 지표면의 물이 증발하여 형성된다. 이러한 물의 순환 과정에 대해서는 모두 알고 있을 것이다. 이처럼 지구환경에 가장 중요한 요소인 물은 끊임없이 순환하는데, 지구환경에 가장 중요한 요소이며 끊임없이 순환하는 물과 대기의 연관성이 바로 수문기상학 연구실의 주요 연구대상이다. 주요 관심사는 대기-지표계의 물 순환, 기후변화, 집중호우, 태풍, 강수의 공간적 시간적 분포와 양에 대한 예측, 원격탐사를 통한 강수현상 모니터링, 토지이용도의 변화에 따른 기상과 기후변화 등이다. 이러한 연구를 수행하기 위해 기상과 수자원 자료의 분석, 기상관측, 원격탐사 등이 활용된다.

오존, 미세먼지, 광화학 스모그를 모두 해결한다 – 대기환경 연구실

이곳에서는 우리가 매일 깨끗한 공기로 숨 쉴 수 있도록 하기 위한 연구가 한창 진행되고 있다. 대기에서 일어나는 다양한 현상을 규명하

고, 대기환경 변화가 생태계와 인간에게 미치는 영향을 분석하며 이에 대한 효율적인 대책을 수립하는 연구를 한다. 대기오염물질을 제어하는 방법은 물론 저공해 연소기술, 광화학 반응 등을 주로 연구 대상으로 하며, 공기 속의 먼지를 모으는 장치인 집진기, 유해가스처리장치, 저공해 폐기물 소각로뿐만 아니라, 대기오염물질의 발생, 이동, 변환, 제거과정에 관한 컴퓨터 모델을 개발하기도 한다.

훼손된 생태계를 온전한 자연으로 복원한다 – 생태복원공학 연구실

자연 생태계 보전과 훼손된 환경을 복원하는 연구를 수행한다. 생태적으로 우수한 지역을 보전하기 위한 기초조사를 실시하고 생물다양성 연구를 수행한다. 조사 자료를 활용하여 자연환경보전지역, 생태계우수지역, 국립공원, 조수보호구 등을 관리하며 더욱 효과적인 관리와 예방을 위해 환경영향평가, 자연환경정책 등어 관한 연구를 수행한다. 또한 개발 사업으로 인한 생태계 훼손을 줄이고 원래의 모습을 보전하기 위해서 생태계 보전지역 지정에 관한 연구를 수행한다.

땅속 병든 곳을 치료한다 – 토양지하수 연구실

이곳에서는 토양과 지하수에서 일어나는 오염현상을 규명하고 이를 제어하는 기술을 연구한다. 현장측정장치를 이용하여 오염현상을 신속하게 파악하고, 오염원 주변에서 사전에 오염물질의 이동을 막는 방법을 개발한다. 이렇게 개발된 방법은 토양과 지하수층으로 오염물질의 확산을 최소화하여 생태계에 심각한 영향을 미치는 토양과 지하수를 보호할 수 있다. 또한 토양과 지하수 오염을 제거하는 데 드는 비용을 최소화하고 예방할 수 있다.

수돗물 생산과 공급을 책임진다 – 상수도공학 연구실

수돗물을 생산하고 공급하는 연구를 수행한다. 호수나 하천에서 가져온 물을 안전하고 깨끗한 식수로 만들기 위해 화학물질을 투입하고 모래로 여과하며 소독하는 공법을 개발한다. 또한 다양한 산업체에서 필요한 용수를 생산 공급하며, 특히 최근 첨단산업에서 필요한 아주 깨끗한 물 제조 기술에 관한 연구도 수행하고 있다.

주요 연구 대상은 소독 부산물 발생과 방지, 수도관 부식 방지, 물탱크와 옥내 배관 문제점, 수돗물로 인한 건강피해 등이다.

모든 쓰레기를 재활용하자 – 폐기물관리 연구실

이곳에서는 생활폐기물과 산업폐기물의 수거, 운반, 처리, 재활용 등에 대한 연구를 수행한다. 특히 매립, 소각, 재활용 등의 공학적 기술과 사회현상 문제, 경제성 가치와 생태계 피해를 고려한 기술을 연구하고 있다.

구체적으로는 매립지를 중심으로 침출수 처리, 매립가스의 발생과 자원화, 매립가스층 내부에서의 미량유기물질의 이동과정은 물론, 생활쓰레기 소각시설에서 배출되는 폐가스, 비산재, 바닥재 등의 다이옥

신 농도분포에 관한 연구를 수행한다. 생활쓰레기의 재활용과 효율적 처리방안 등에 대한 연구 역시 폐기물관리 연구실에서 이루어지고 있으며 음식물쓰레기, 난분해성 폐기물 등을 자원화하는 기술과 장치도 개발한다.

자연계에서 일어나는 현상을 규명하는 것부터 오염물질을 처리하는 것은 물론 오염물질이 생물과 인체에 미치는 영향을 분석하는 것에 이르기까지 다양한 연구가 진행되고 있다.

환경을 청소하는 박테리아를 찾아라 – 환경미생물학 연구실

지구환경을 구성하는 물, 토양, 공기 등 전반에 걸쳐서 미생물반응 기작과 생물정화기술을 연구한다. 미생물을 이용하여 오염된 토양과 지하수를 생물학적으로 복원하는 기술을 개발하고 분자생물학적 기법을 활용하여 환경과 생태계를 모니터링하기도 한다. 대기질을 향상시키기 위해서 휘발성 유기물질을 분해하는 생물자원기술과 환경을 복원하는 데 사용되는 유전자은행을 구축하고 그것을 응용하는 기술을 연구하기도 한다.

지구는 거대한 화학반응 실험실이다 – 환경화학 연구실

환경에서 일어나는 화학적 반응들에 대한 이론적이고 기본적인 원리 연구를 수행한다. 물, 대기, 토양, 폐기물 등에서 일어나는 화학반응들에 대해 체계적으로 연구하고 이를 환경오염물질 처리에 활용하는 공학적 기법을 개발한다.

그 예로 고체와 액체 간의 반응들에 대한 기본적인 연구를 통해 폐수

중의 부유물질들을 효과적으로 제거하거나 토양에 흡착되어 있는 오염물질들을 처리하는 방안을 개발한다. 또한 부식화 과정에서 일어나는 산화환원작용을 이용하여 효소가 토양 중의 유기물에서 독성을 제거하는 과정을 연구하기도 한다.

환경과 생명을 죽이는 독극물을 찾아라 – 환경독성학 연구실

인체와 생태계 위해성 평가를 위한 모니터링 기술에 관한 연구를 주로 한다. 화학물질 또는 오염물질로부터 생태계를 보호하면서 지속가능한 발전을 도모할 수 있도록 산업용 화학물질, 농약과 의약품, 생태계 교란을 일으키는 환경 호르몬을 방출하는 물질에 대해 생물의 독성시험을 수행한다. 분석을 통해 환경에 존재하는 화학물질을 규명하고 정량분석과 생물독성실험을 병행하여 종합적인 위해성 평가를 수행한다.

모든 개발 사업은 환경을 최우선하라 – 환경영향평가 연구실

환경영향평가는 각종 개발 사업을 계획하고 시행하는 과정에서 환경에 미치는 부정적인 영향을 미리 예측, 분석하고 그에 대한 저감방안을 찾음으로써 환경적으로 건전하고 지속가능한 개발을 유도하는 제도이다. 환경영향평가에 대한 연구는 여러 가지 개발정책이나 계획의 대안 가운데서 자연환경의 훼손을 줄이고 원래의 모습을 보전할 수 있는 방법을 선택할 수 있도록 미리 환경적인 측면을 고려하여 환경

을 보전하는 대안을 제시하는 것이다. 환경영향평가 연구실에서는 환경에 미치는 부정적인 영향을 미리 제거하거나 최소화할 수 있도록 그 방향을 제공한다. 또한 정책을 결정하는 사람들의 의사결정을 돕고 합리적인 개발을 위한 자료를 제공하는 일을 한다.

모든 에너지의 친환경성을 극대화하라 – 친환경에너지 연구실

화석연료로 인한 환경문제를 규명하고 재생가능에너지의 친환경성을 향상시키는 연구를 한다. 바이오에너지, 태양전지, 전기화학에너지, 열병합발전기술, 액체연료기술, 에너지저장기술 등이 환경에 미치는 영향을 평가하고 에너지 효율을 높이는 연구를 수행한다. 또한 빛을 에너지원으로 하는 광촉매를 이용하여 유해성분 분해와 제거, 항균과 탈취, 공기정화작용 등에 관한 연구를 한다. 광촉매오- 광에너지를 이용한 환경오염물질 정화기술의 개발 또한 친환경에너지 연구실의 주요 관심 분야이다.

그 밖에 학과의 특성에 따라 환경정보공학 연구실, 환경모델 연구실, 환경정책 연구실, 육수학 연구실, 환경지구화학 연구실, 대기오염제어 연구실, 유해성폐기물관리 연구실 등 다양한 연구실들이 운영되고 있다.

교수님이 추천하는 환경 관련 책들

〈침묵의 봄〉
레이첼 카슨 지음 | 김은령 옮김 | 에코리브르

1962년 출간된 책으로 환경 분야에서 기념비적인 책으로 꼽힌다. 우리나라에서는 2002년에 다시 번역되어 지금도 많이 읽혀지고 있다. 무분별한 살충제 사용으로 파괴되는 야생 생물계의 모습을 적나라하게 공개하여 화학물질의 유해성에 경종을 울린 책이다. 이 책은 평온하고 아름다운 한 마을이 원인을 알 수 없는 질병으로 인해 죽음의 공간으로 변해가는 짤막한 우화로 시작한다. 그리고 농약, 살충제, 제초제 등 화학물질의 남용으로 인간이 지불해야 할 대가를 낱낱이 고발함으로써 그 죽음의 공간이 바로 우리의 현실이라는 것을 직시하게 한다. 이 책은 환경운동을 촉발시켰고 살충제 사용을 금지하는 법을 제정하게 만드는 등 정부의 정책 변화를 이끄는 데 결정적인 역할을 했다. 이 책으로 인해 1963년 케네디 대통령은 환경문제를 다룰 자문위원회를 구성하였고, 1969년 미국의회는 국가환경정책법을 통과시켰다.

〈가이아 살아있는 생명체로서의 지구〉
제임스 러브록 지음 | 홍욱희 옮김 | 갈라파고스

'가이아 이론'의 창시자 러브록의 대표작이다. 지구는

스스로의 상태를 조절할 수 있는 살아있는 생명체, 즉 가이아라고 할 수 있다. 가이아는 스스로 모든 생물들에게 적합한 환경 조건을 만들어 주기 때문에 인간이 가이아의 기능에 지장을 줄 정도로 간섭하지 않는다면, 가이아는 그 속성을 그대로 유지한다. 가이아는 생물처럼 중요한 기관들을 지니고 있으며, 장소에 따라 역할이 달라질 수 있고, 스스로를 조절하는 능력을 지닌다. 이 책에서 러브록은 이 지구가 생물과 무생물의 복합체로 구성된 하나의 거대한 유기체라는 결론에 이른다.

그는 지구의 생물체들은 단순히 조건이 맞는 곳에서 서식하는 수동적인 존재가 아니라 지구의 물리적 · 화학적 환경을 변화시키는 적극적이고 능동적인 존재들이라고 말한다. 또한 인간만을 위한 환경보전이 아닌 인간과 자연을 모두 위하는 합리적이고 과학적인 환경보전을 주장한다. 이 책은 가이아 이론을 통해 환경 위기의 시대를 살아가는 현대인들에게 지구의 운명과 인류의 미래에 대해 명쾌한 해답을 제공해 준다.

〈세계의 환경도시를 가다〉
이노우에 토시히코 지음 | 유영초 옮김 | 사계절

이 책은 세계 각국의 환경도시를 둘러보며 우리 사회의 도시 계획에 대한 반성과 논의를 촉발시키기 위해 기획되었다. 미국의 채터누가, 독일의 슈투트가르트, 일본의 미나마타 등 세계적으로 악명 높은 공해도시가 어떻게 오명을 벗고 환경도시로 변모하게 되었는지 그 과정을 소개하고 있다. 또한 무리한 제방을 쌓아 생태계의 흐름이 파괴되었던 라인 강, 폐광촌에 생명의 씨앗을 뿌린 영국의 생태테마공원, 광산노동자들이 진폐증으로 신음하고 농지는 카드뮴으로 오염되어 어둠의 그림자가 드리워졌던 일본의 우그이스자와, 일본의 3대 악풍(惡風) 가운데 하나인 '키요카와 다시'에 시달렸던 타치카와 등의 도시들이 어떻게 파괴되었던 자연을 회복하고 환경도시로 발돋움하게 되었는지 그 과정을 소개하고 있다.

〈환경재난과 인류의 생존전략〉
박석순 지음 | 어문학사

이 책은 지금까지 일어난 다양한 유형의 환경재난들을 모두 망라하고 있다. 사건이 발생하게 된 배경, 전개 과정과 결과 그리고 그 후 어떤 대책이 이루어졌는지를 알아보고, 이를 통해 독자들에게 환경지식을 전하기 위해 저술되었다. 또한 지금의 모든 환경문제를 사건과 연결해서 설명하고 교훈을 주고 있다. 이 책은 총 6부에 걸쳐 42개의 대표 사건에 대해 이야기하고 있으며, 대표 사건 외에 지금까지 지구상에서 일어난 대부분의 사건들이 유사 사례로 포함되어 있다. 이 책이 전하는 사건과 교훈은 21세기를 살아가는 지구인이라면 누구나 한 번쯤 읽어보아야 할 내용이다.

〈불편한 진실〉
앨 고어 지음 | 김명남 옮김 | 좋은생각

환경운동가이자 미국 부통령을 지낸 앨 고어가 1,000여 회의 강연과 경험을 바탕으로 엮은 지구환경리포트로 지구 온난화의 심각성과 그 해결방안을 다룬 책이다. 저자는 이산화탄소 증가 등으로 인한 지구 온난화가

미리 체험해 보는
환경공학과 원정기

지구와 인류를 어떻게 위기로 몰아가고 있는지 도표와 사진 등 구체적인 자료를 이용해 이해하기 쉽고 흥미롭게 설명하고 있다. 지구 온난화의 가장 두드러진 영향인 바로 전 세계의 산악 빙하들이 녹아내리는 현상으로 인해 수몰되는 삶의 터전에 대해 설명하며 이상기후와 생태계 파괴에 대해 이야기한다. 또한 지구 온난화에 대한 열 가지 오해를 조목조목 지적하면서 사람들 각자가 지구 온난화 방지를 위해 평소에 할 수 있는 구체적인 생활 지침도 제시하고 있다.

〈부국환경론: 부국환경이 우리의 미래다〉
박석순 지음 | 사닥다리 어문학사

이 책은 지금까지 우리가 봤던 환경 서적과는 상당한 차이를 보인다. 책의 서두를 가난에서부터 시작하고 있다. '가난과 부'라는 인간 삶의 두 극단 사이에서 환경이 차지하는 위치를 정립하고 있다. 가난한 것과 잘 사는 것, 그리고 어떤 곳에 살 것인가는 누구에게나 중요한 문제다. 저자는 가난과 환경의 연결고리에서 부국환경이라는 결론을 이끌어낸다. 이 책의 제1부는 가난에서 벗어나 부유한 사회로 가는 여정에서 필연적으로 나타나는 환경 문제와 이를 극복하기 위해 선진산업국가에서 이루어진 시도들을 결과론적 관점에서 조명한다. 아울러 지금 지구촌에 존재하는 저개발국가, 개발도상국가, 그리고 선진산업국가의 환경 현실을 비교하고, 이를 근거로 '가난이 환경의 최대 적이고 부강한 나라가 환경을 지킨다'는 부국환경주의를 주장하고 있다. 저자는 선진국이 지나온 산업화와 환경의 역사를 유턴이론으로 설명한다. 초기 산업화 과정에서는 오염이 가중되고 자연이 훼손되어 환경의 질이 떨어지지만 경제성장이 일정 수준에 도달하면 국민들의 환경의식이 향상되고 환경과학과 기술이 발달하여 환경이 다시 회복된다는 이론이다. 또한 시장경제를 바탕으로 한 자본주의가 환경을 지키는 최선의 제도임을 강조하며 우리 사회의 환경운동이 지나치게 좌경화되어 있다고 비판한다. 저자가 주장하는 부국환경주의는 부자가 된다고 무조건 환경이 좋아진다는 단순한 논리는 아니다. 바른 환경과 경제 정책, 그리고 국민의 의식과 생활방식이 뒷받침 되어야 가능하다고 강조한다. 책의 2, 3, 4부는 이러한 내용을 보다 구체적으로 다루고 있다. 제 2부는 저탄소·자원순환 사회로 가기 위한 에너 지, 식량, 자원 등에 관한 내용이고, 제3부는 자칫 오 도된 환경논리에 기반한 환경운동에서 벗어나 보 다 현명한 '과학적 환경주의'를 추구할 필요성을 역설하고 있다. 제4부는 부강한 환경선진국이 되기 위해서는 물 관리가 중요하다는 점을 강조하고 있다.

〈물의 위기〉
마크 드 빌리어스 지음 | 박희경·최동진 옮김 | 세종연구원

전 세계 어디에서나 쉽게 찾아볼 수 있는 물 부족 사례와 전 세계적인 물의 분포, 인류의 물 사용 역사에 대해 기술하면서 물이 어떤 위기에 처해 있는지 보여주고 있다. '물의 정치학'에서는 중동의 거의 모든 국가들이

미리 체험해 보는
환경공학과 원정기

개입되어 있는 물 분쟁의 사례를 구체적으로 보여주고 있다. 예를 들어, 폭우나 지하수위의 하강으로 생긴 기후변화, 사막화, 물 공급과 오염 등 환경적, 정치적 중대성을 논하면서 역사적으로 물 분쟁이 있었던 지역의 물 자원을 탐험한 책이다. 또한 인간들의 이용과 개발로 가속화된 물 위기의 현실적 극복방법을 제시해 준다. '물 부족 국가'로 지정된 우리에게는 시사하는 바가 더욱 크다.

〈만화로 보는 박교수의 환경재난 이야기〉
박석순 지음 | 이화여자대학교출판부

산업의 발달과 함께 인류를 엄습했던 지구촌의 환경재난들을 만화의 형식으로 훑어본다. 1849년 일어난 런던 콜레라 사건에서부터 최근의 걸프전 환경테러 사건까지 환경재난 사건을 유럽, 아프리카, 아메리카, 아시아의 3편으로 나누어 실었다. 각 사건을 초래한 환경문제는 자연과학의 기초이론을 토대로 설명했으며 그것이 구체적으로 인류와 자연환경에 어떤 영향을 미쳤는지 이야기 형식으로 쉽게 풀었다.

〈꿈의 섬〉
노리에 허들 외 지음 | 박석순 옮김 | 이화여자대학교출판부

이 책은 일본이 서구 문명을 받아들이기 시작했던 시기부터 환경재난이 극에 달했던 20세기 후반까지 전개된 산업화 과정과 그로 인한 환경문제를 통시적으로 고찰하고 있다. 미국인이 집필한 책이라고 보기 힘들 만큼 일본의 문화적 · 사회적 배경을 폭넓게 다루면서 외국인만이 가질 수 있

는 객관적인 시각으로 문제점을 낱낱이 지적하고 있다.

책의 곳곳에 우리나라에 대해서도 언급하고 있으며, 많은 사례가 우리와 너무 흡사하여 흥미를 더해준다. 과학적·공학적인 기초나 일본 역사에 대한 배경 지식이 없어도 읽을 수 있도록 쉽게 저술되었다.

〈지구를 치료하는 법〉
도넬라 H. 메도즈 외 지음 | 육은숙 옮김 | 북스토리

이 책은 다소 딱딱할 수 있는 '환경'이라는 주제를 일반인은 물론 청소년들까지 쉽게 이해할 수 있도록 다양한 그림과 도표를 통해 이야기하고 있다.

저자는 지구나 우리의 생활, 조직 속의 모든 요소들은 서로 영향을 주고받으므로, 모든 요소들을 따로따로 여길 경우 어떠한 진실도 파악할 수 없고, 어떠한 것도 진정한 대책이 될 수 없다고 지적한다. 즉, 많은 차원의 요소들의 상호작용을 파악하는 시스템 사고로 전환하여야 함을 설득력 있게 보여준다. 지구의 미래를 시뮬레이션하여 생생하게 보여주고 있으며 여러 가지 시나리오를 제시하여 어떠한 상황이 발생하는지 알려준다. 이를 통해 지구를 구하기 위해 필요한 근본적인 해결책인 '지속가능한 사회'를 제안하게 된다.

21세기는 환경의 세기라 불릴 정도로 지구촌에 부는 녹색열풍은 대단하다. 환경산업과 기술이 국가의 주요 성장 동력이 되었으며 더욱 쾌적한 환경을 추구하는 국민의 욕구는 끝없이 분출되고 있다. 그에 맞춰 대학에서 환경공학을 전공한 유능한 환경전문가를 필요로 하는 곳 역시 점점 늘어가고 있다.

환경공학 전공자들은 매우 다양한 분야에서 일할 수 있다. 이것은 환경공학이 많은 학문 분야를 다루고 있을 뿐만 아니라 여러 곳에서 환경공학 전공자를 필요로 하기 때문이다. 졸업 후 주요 진출 분야를 살펴보면, 정부기관, 공기업, 대기업, 중소기업, 국공립 연구원, 건설 회사, 기업부설 환경연구소, 엔지니어링업체, 교육기관, 언론기관 등이 있다. 자, 지금부터 각 분야에서는 어떤 일을 하는지 알아보자.

나라의 환경행정업무를 담당하고 싶다면?

환경공학 전공자가 일하는 중앙부처로는 환경부, 국토해양부, 국토지리정보청, 기상청 등이 있으며, 광역 또는 기초 지방자치단체도 많은 환경공무원을 필요로 한다. 중앙부처의 주요 환경행정업무는 환경보전계획수립, 국토환경감시, 오염물질 배출규제, 환경보전사업, 환경기술개발 지원 등이 있다. 그 외에도 자연생태계 보전과 국립공원관리를 통한 생태계보호나 개발 사업에 대한 환경영향평가 등도 중앙부처의 몫이다.

최근 더욱 쾌적한 환경에 대한 국민의 욕구가 증가함에 따라 업무 영역이 급속히 늘어나고 있으며, 기후변화와 황사 등과 같이 국제환경문제가 대두됨에 따라 환경외교업무도 더욱 강화되고 있다.

지방자치단체의 경우 수질개선사업, 도시환경개선, 폐기물관리 등 지역주민의 삶의 질과 관련한 환경업무가 주를 이룬다. 정부기관에서 일할 경우 공학적 전문지식뿐만 아니라 환경정책과 법규 등에 관한 여러 분야의 지식이 필요하다.

취업 선호 1순위 공기업에선 무슨 일을?

환경공학 전공자가 가장 선호하는 분야 중 하나가 공기업이다. 환경공학 전공자를 필요로 하는 공기업으로는 한국수자원공사, 환경관리

공단, 한국토지공사, 한국도로공사, 대한주택공사, 한국전력공사, 도시개발공사, 한국농촌공사, 환경자원공사 등이 있다. 각각의 공기업에서는 어떤 일을 주로 하는지 살펴보자.

① 한국수자원공사

수자원개발, 댐 관리, 수도시설 건설과 운영·관리, 신도시 건설, 상하수도 분야에 관한 기술지원과 교육사업 등의 업무를 한다. 이곳에서는 다목적댐 환경관리, 댐 건설사업 환경영향평가와 관련 제도 관리 등 현재 우리나라에 설치되어 있는 댐을 관리하고 댐 건설 예정지나 주변 지역의 적합성 여부를 평가하는 일도 한다. 또한 하천, 호수 등 우리나라 수자원을 관리하고 수질과 호수 유역 환경을 관리하는 일을 하며 연구부서에서는 수질검사와 이상여부 파악, 수질오염원 조사 등을 하기도 한다.

그리고 하천이나 호수 주변 생태계 복원 대책을 세우거나, 수돗물을 생산, 공급하는 일을 하기도 한다. 주로 물과 관련된 일을 하는 기업이기 때문에 환경 분야 중에서도 호수나 하천의 수질관리에 관심이 있는 사람들이 일하게 된다.

② 한국환경공단

한국환경공단법에 의거하여 국민들이 쾌적한 삶을 유지하고 더욱 깨끗한 환경에서 살 수 있도록 환경오염 방지와 환경개선 업무를 수행한다. 또한 공업단지 폐수종말처리시설과 쓰레기 매립시설, 산업폐기물 처리시설을 설치·운영하며, 분뇨와 쓰레기 처리시설을 건설하고 관리하는 것도 환경관리공단의 몫이다. 그 밖에도 국가, 지방자치단체가 일을 맡기는 환경기초시설을 관리하고, 오염방지시설의 개발과 설계, 기술지원, 환경오염방지를 위한 국민 홍보 등의 일을 하고 있다. 환경관리공단에서 일하기 위해서는 다양한 분야의 환경공학 지식이 필요하다. 대기, 수질, 소음 등의 자동 측정망을 운영할 때 필요한 측정시스템을 개발, 관리하거나 토양오염도, 오수시설, 유해물질 측정을 할 수 있는 환경 관련 전공자를 필요로 한다.

환경관리공단은 그곳의 환경 분야 전문능력과 산업체와 대학이 보유하고 있는 기초 기술과 기술기반자원을 바탕으로 공동연구를 추진하기도 한다. 따라서 환경공학자들은 연구에 직접 참여하거나 연구소와 산업체, 대학과의 학문적 연계 고리 역할을 할 수도 있다.

③ 한국토지주택(LH)공사

환경친화적인 토지개발에 힘쓰고 환경오염 방지대책을 세우는 등 주로 우리나라의 토지를 관리하고 정비하는 일을 한다. 도시계획법에 따라 주택지와 공업용지를 조성하고 복잡한 토지구획을 정리하거나 택지개발촉진법에 따라 주택용지를 개발하기도 한다. 또한 국가·지방자치단체와 정부투자기관으로부터 받은 땅에 쓰레기 매립지와 관광지를 만드는 계획을 세운다. 이 밖에도 우리나라의 토지정책을 수

립하고 관리하는 데 필요한 자료를 수집하고
조사하는 일을 하기도 한다.

이러한 일을 수행하기 위해서 토지공사는 유능
한 환경공학도를 필요로 한다. 환경공학도는
친환경적인 국토를 설계하고 자연과 환경
이 살아있는 도시를 만들기 위해 일하게 된
다. 이곳에서 일하기 위해서는 특히 우리나
라 국토정책에 관한 연구와 그 동향을 파악
하여 체계적이고 효과적인 국토계획을 수립하
기 위하여 다양한 분야의 환경지식을 갖춰야 한다.

환경공학 전공자를 필요로 하는 공
기업으로는 한국수자원공사, 환경
관리공단, 한국토지공사, 한국도로
공사, 대한주택공사, 한국전력공사,
도시개발공사, 한국농촌공사, 환경
자원공사 등이 있다.

④ 한국농촌공사

농업에 사용되는 물을 관리하고 여러 수리시설을 효율적으로 사용하
기 위해서 시스템을 체계화시키는 일을 하고 있다. 농업에 사용되는
물을 확보하기 위해서 저수지 등을 개발하고 그에 따르는 환경오염
방지대책을 세우며 농촌용수의 수질을 개선하고 농지를 효율적으로
보존하고 관리하는 일을 한다. 환경공학 전공자들은 농업용 저수지의
수질과 생태계를 관리하고, 농업용지의 토양 유실과 오염방지, 훼손
된 생태계와 오염토양 복원 등과 관련된 일을 한다. 또한 농촌의 작은
마을 단위의 상수도 공급, 하수처리, 쓰레기 매립지 등 환경기초시설
을 건설하고 관리하는 일도 환경공학자들을 필요로 한다.

⑤ 한국도로공사

이곳은 고속도로를 새로 만들고 확장, 유지하
며, 그에 따른 편의시설을 설치하고 관리하는
일을 주로 한다. 도로를 개발하고 고속도로에
접하는 지역을 관리하기 위해서는 무엇보다 주
변 환경에 대한 파악과 관리가 필요하다. 환경공학 전공자들은 이곳
에서 도로 건설로 인한 환경영향, 즉 경관과 생태계 파괴, 대기오염 배
출, 수질오염물질 배출 등을 사전에 예측하고 이를 최소화하는 환경
영향평가와 건설 이후의 환경관리 등의 업무를 맡게 된다.

끊임없는 연구 열정을 발휘하고 싶다면?

공기업이나 정부기관 외에도 환경공학 전공자를 필요로 하는 많은 국
공립 연구소들이 있다. 국립환경과학원, 환경정책평가연구원, 한국건
설기술연구원, 국토연구원 등이 바로 그 곳이다.

① 국립환경과학원

이곳은 환경부 산하의 연구소로 환경에 대한 실용적인 연구를 한다.
환경오염을 진단하고 국민들의 건강을 보호하는 것이 주된 목적이다.
국립환경과학원은 크게 환경진단연구부, 환경건강연구부, 화학물질평
가부, 자연생태부, 환경총량관리연구부, 환경측정기준부로 이루어져
있다. 또한 산하기관으로 각 지역에 몇 개의 연구소를 가지고 있는데,

국립습지센터, 교통환경연구소, 4대강 물환경연구소가 그것이다.

우리나라의 대기질을 평가하여 대기환경기준에 부합하는지 여부를 판단하고 악취물질이 발생했을 때 그것을 측정하는 방법을 연구한다. 하천과 호수 수질의 물리화학적, 생물학적 변화와 특성에 대해 조사하고 수질환경기준을 개선하기 위해 끊임없이 연구하고 있다. 또한 국민들의 건강에 직접적인 영향을 끼치는 먹는 물에 관한 연구도 수행하고 있다. 수돗물과 먹는 샘물에 유해물질이 얼마나 함유되어 있는지 그 실태를 조사하고, 수돗물을 깨끗하게 처리하는 방법과 기술을 개선하기 위한 연구를 한다. 그 밖에도 폐기물을 처리하는 기술을 개발하고 유해폐기물을 분류하여 관리하는 방법을 모색하며, 토양과 지하수의 오염특성과 기준을 설정하고 오염을 방지하기 위한 대책을 세우거나 정화 기술을 개발하는 일도 담당하고 있다. 국립환경과학원은 환경공학 전공자들이 연구에 몰두할 수 있는 우리나라 대표적인 환경 관련 국립연구소이다.

4대강 물환경연구소는
한강·낙동강·금강·영산강 물환경연구소가 있다.

② 환경정책평가연구원

현재 우리나라가 직면하고 있는 환경문제를 해결하기 위한 환경정책을 세우는 연구기관이다. 즉, 우리나라의 생태계를 통합적으로 관리하는 일을 하는 곳이다. 또한 녹지를 확충하여 생물들이 살 수 있는 공간을 조성하고 우리나라 국토의 자연생태계를 관리한다. 전국자연환경조사, 자연동굴 등에 대한 정밀조사 결과 등을 종합하여 자연환경 종합 지리정보체계 자료를 구축하고 전국자연환경조사, 멸종위기종 서식실태조사 등을 통하여 생물다양성 자료를 확보하는 일도 담당하고 있다. 또한 생태복원 기술을 개발하고 그 전략을 수립하기 위한 기초자료를 만들기도 한다. 우리나라 국립공원자원을 효율적으로 관리하고 국립공원의 훼손된 토지 실태를 조사해 유형별 훼손 토지 복구 방안을 수립하는 것도 환경정책평가연구원에서 담당하고 있다.

이곳에서 환경공학자는 전공 지식을 기반으로 환경 관련 정책을 수립하며 생태계에 대한 조사, 훼손된 생태계를 복구 · 복원하는 데 기여할 수 있다. 환경영향평가서를 검토하고 적절한 환경대책을 수립하는 일 역시 환경정책평가원에서 하는 중요한 일 중 하나이다.

③ 한국건설기술연구원

이곳은 건설 분야의 전문연구기관으로 건설 기술의 연구개발, 정책개발, 시설물 유지관리 등의 일을 담당하기 위해 세워졌다. 환경공학 전공자는 이곳에서 건설행위로 인해 환경이 파괴되거나 오염되지 않도록 환경을 관리하는 일을 하게 된다. 또한 우리나라에 적합한 자연친화적인 하천정비사업을 어떻게 추진할 것인지 그 방향을 설정하고, 자연친화적으로 하천을 관리하는 방법을 연구한다.

또한 수자원확보기술을 개발하기도 한다. 그리고 이를 실제 우리나라 하천의 유역에 적용하여 더욱 환경친화적인 물 순환 과정을 복원하고 통합적인 수자원의 관리와 운영이 가능하도록 함으로써 지속적으로 수자원을 확보할 수 있다.

④ 국토연구원

국토자원을 효율적으로 이용하기 위해서 국토의 개발과 보전에 관한 정책을 연구하는 기관이다. 국토계획과 지역계획의 수립과 연구, 토지 · 주택 · 교통 환경정책과  제도에 관한 조사 · 연구 등을 수행한다. 주로 토지 이용과 도시계획 등에 관한 업무를 한다. 이곳에서는 국토자원의 이용과 개발에 대한 정책을 연구하는 데 환경에 대한 지식이 필요하기 때문에 환경공학도의 연구 참여가 이루어진다.

일반 기업에는 어떤 분야들이 있을까?

정부기관이나 공기업보다 환경공학 전공자들을 더 많이 필요로 하는 곳은 일반 기업체이다. 그중 환경공학 전공자를 선호하는 곳은 건설회사, 엔지니어링 회사, 환경영향평가 회사 등이 있으며 제조업의 환경관리와 환경경영 부서에서도 능력을 발휘할 수 있다. 최근에는 기업 활동 전반에 걸쳐 친환경을 추구하기 때문에 여러 부서에서 환경공학 전공자를 필요로 하고 있다. 또한 정부의 환경정보화 사업이 활발하게 진행되면서 정보통신 회사에서도 환경공학 전공자를 선호하고 있다.

먼저 건설 분야부터 살펴보자. 건물이나 교량 같은 건축물을 건설할 때 환경파괴를 최소화해야 하기 때문에 환경은 매우 중요한 요소이다. 또한 건축물을 짓기 전에 환경영향평가를 실시하고 사전환경성검토를 하는 것이 법으로 정해져 있다. 건물을 지을 부지의 주변 환경을 미리 조사하고 그에 대한 검토를 수행해야 하는 것이다. 환경공학자들은 건설 회사에서 이와 같은 일을 담당하게 된다. 우리나라의 주요 건설 회사 중 환경공학 전공자가 일하고 있는 회사로는 현대건설, 삼성물산, 대우건설, GS건설, 포스코건설, 대림산업, SK건설, 현대산업개발, 금호산업, 쌍용건설, 한화건설, 한진중공업, 코오롱글로벌, 경남기업 등이 있다.

다음으로는 엔지니어링 회사가 있다. 엔지니어링 회사는 고도의 전문기술을 판매하는 기업으로 여러 분야에서 활동 중이다. 환경을 전문으로 하는 엔지니어링 회사에서는 주로 정수장을 건설하여 시민들에게 수돗물을 생산·공급하고, 생활하수와 공장폐수를 처리하는 처리장을 건설하고 관리한다. 그 외에도 대기오염 방지시설, 매립지 설계, 친환경에너지 생산 등 다

양한 분야에서 환경전문기술을 보급하고 있다. 환경전문 엔지니어링 업체에서는 환경공학 전공자를 꼭 필요로 한다. 우리나라에 현재 환경공학도가 진출해 있는 엔지니어링 회사로는 삼성엔지니어링, 현대엔지니어링 등이 있다.

환경공학 전공자는 환경관리와 환경경영 등의 분야로도 진출한다. 환경관리는 제조공장이나 기타 사업장에서 배출되는 폐수나 대기오염 물질, 폐기물 등을 처리하고 적절한 환경수준을 유지하는 것이다. 뿐만 아니라 산업체 화학사고나 환경재난 방지를 환경안전관리와 온실가스 감축 분야에도 활발한 진출이 이루어지고 있다. 기업체 환경관리에 종사하기 위해서는 법으로 정해진 환경기사나 기술사 자격증이 필요하다. 기업체 환경관리에 종사하기 위해서는 법으로 정해진 환경기사나 기술사 자격증이 필요하다.

환경경영은 최근에 급속히 요구가 늘어나는 분야로 기업의 목적을 친환경적인 발상과 연결시켜 제품을 개발하는 것을 말한다. 환경경영은 기업의 생산활동으로 인해 파생되는 환경 훼손을 최소화하면서, 환경적으로 건전하고 지속적인 발전을 도모하는 것이다. 환경경영이 새로운 경영 마인드로 떠오르면서 여러 대기업들이 이를 기업혁신 전략으로 내세우고 있다. 따라서 기업의 기획부서에서는 풍부한 환경지식을 겸비한 환경공학 전공자를 필요로 한다.

'환경'에 대해 가르치고 싶다면?

대학에서 환경공학 전공자가 교직과목을 함께 이수하면 중고등학교의 환경교사를 할 수 있다. 현재 중고등학교에서 환경과목을 가르치는 교사들은 환경공학 전공자보다는 화학이나 물리, 생물 등의 자연과학 전공을 가진 교사들이 많다. 이들이 방학을 이용하여 단기 과정을 이수하여 환경을 가르치는 것이다. 그러나 앞으로 중고등학교 환경교육이 강화되고 부전공 교사가 전공 교사로 전환되면 환경교사의 요구도 급속히 증가할 것이다. 교사 진출을 원하는 친구들은 대학에서 교직과정을 반드시 이수해야 한다.

환경공학도가 선호하는 직업 중 하나가 대학 교수이다. 환경공학은 비교적 새로운 학문이기 때문에 타 학문에 비해 교수 진출이 비교적 쉬운 분야이다. 과거에는 대학에 환경공학과가 없었기 때문에 대부분 생물학이나 화학, 토목공학 등을 공부한 후 석사와 박사 과정을 통해 환경 관련 분야를 연구했다. 교수 인력도 매우 부족했다. 앞으로 우수한 인재가 학부 과정부터 환경공학을 전공하여 좋은 연구 업적을 쌓는다면 대학 교수가 될 수 있는 길은 매우 넓다.

그 밖에 어떤 일들이 있을까?

환경공학에서는 생명과학에서부터 환경법에 이르기까지 방대한 분야를 공부하기 때문에 외국에서는 졸업 후 의학전문대학원이나 법률전문대학원으로 진학하는 경우도 많다. 특히, 예방의학이나 환경법을

전공할 경우 환경공학을 학부에서 공부하는 것은 크게 도움이 된다.

또한 이공계 중에서 언론과 정치에 가장 밀접한 관계를 갖는 분야가 바로 환경공학이다. 신문사나 방송국 그리고 잡지사와 같은 언론기관은 환경 관련 기사와 프로그램을 자주 취급하고 있으며, 국회나 지방의회와 같은 정치계에서도 환경은 중요한 이슈다. 환경공학을 전공하고 언론이나 정치 분야에서 활동하는 것도 전문성을 충분히 살릴 수 있으며, 앞으로는 이런 분야에서 활동하는 환경전문가들도 많이 늘어날 전망이다. 언론이나 정치 분야에서 활동하길 원하는 학생이라면 환경 전반에 대한 많은 책을 읽어 지식을 쌓는 것은 물론 글쓰기도 게을리 하지 말아야 한다.

최근에는 기업 활동 전반에 걸쳐 친환경을 추구하기 때문에 여러 부서에서 환경공학 전공자를 필요로 하고 있다.

지식박스

환경공학 관련 자격증 알아보기

환경공학 전공자는 다양한 분야에 걸쳐 국가공인 자격증을 받을 수 있다. 환경 관련 기술사나 기사 또는 산업기사 자격증을 취득하면 취업에 유리할 뿐 아니라 직장에서도 좋은 대우를 받을 수 있다.

환경영향평가사

기술사
자연환경관리기술사, 토양환경기술사, 대기관리기술사, 폐기물처리기술사, 소음진동기술사, 수질관리기술사

기사
대기환경기사, 폐기물처리기사, 소음진동기사, 수질환경기사, 생물분류기사(동물·식물), 토양환경기사, 자연생태복원기사, 온실가스관리기사

산업기사
대기환경산업기사, 폐기물처리산업기사, 수질환경산업기사, 자연생태복원산업기사, 소음진동산업기사

미리 체험해 보는
환경공학과 원정기

환경공학과 졸업생들의 생생 직업 인터뷰 1

"한국 수자원공사에 근무하는 나진영 님을 만났습니다"

Q 환경공학과로 진학한 특별한 이유가 있나요?

A 중학생 때부터 유난히 환경문제에 관심이 많았습니다. 뉴스와 신문을 통해 국토의 환경파괴 현실을 알게 되면서 실망과 안타까움을 느끼곤 했죠. 그러면서 자연스럽게 환경 분야의 전문가가 되어 환경문제 해결에 기여하고 싶다는 생각을 하게 된 것 같아요.

Q 많은 분야 중 수자원공사에 입사한 이유는 무엇인가요?

A 대학 때 제가 가장 관심을 가지고 공부한 분야는 수질이었어요. 환경공학에도 대기, 폐기물 등 여러 세분화된 분야가 있지만 제게 가장 잘 맞는 일은 수질관리라고 판단했죠. 그래서 졸업 후 일하고 싶은 분야를 물 관련 기업으로 정해놓고 진로 탐색을 했습니다. 우리나라의 대표적인 물 전문 기관으로 한국수자원공사가 있다는 것을 알게 되었고, 졸업 후 원하는 기업에 입사하게 되었죠.

Q 이곳에서 하는 일은 무엇인가요?

A 처음 입사 후 몇 년 간 전국의 댐 저수지 수질관리 업무를 담당했어요. 학부 때부터 접해온 친숙한 분야라서 그런지 적성을 발휘하며 일할 수 있었죠. 지금은 정수장 수질관리를 담당하고 있답니다.

Q 보통 하루 일과는 어떻게 되나요?

A 우리나라 거의 모든 직장인들과 같으리라 생각되는데요(^^). 출근시간보다 30분 정도 일찍 사무실에 도착해 그 날 수행해야 할 업무를 리스트업 합니다. 먹는 물 수질을 담당자 입장에서 점검하는 것부터 시작하죠. 공정상 문제점은 없는지, 수질현황에 이상은 없는지를 말이죠. 주기적으로 필요한 수질분석을 수행하기도 하고요. 또한 정수처리 공정상 문제점을 해결하기 위한 방법도 찾고, 연구를 하면서 하루를 보내고 있습니다.

Q 이 직업의 가장 큰 매력은 무엇입니까?

A 우리나라 수질관리를 담당한다는 자부심이라고 할까요? 제가 고민하고 노력한 만큼 국민들에서 더 좋은 물을 서비스할 수 있다는 데서 일의 보람을 느낍니다.

Q 대개 연봉은 어느 정도인가요?

A 공기업은 일반 대기업에 비하여 연봉이 다소 낮은 편입니다. 아무래도 사기업들과는 달리 사업의 수익성보다는 공익성을 추구하기 때문에 이윤의 극대화만을 목표로 할 수 없기 때문이죠. 다만 사기업에 비하여 직업의 안정성은 높은 편이라고 할 수 있어요.

미리 체험해 보는
환경공학과 원정기

Q 어떤 자질을 갖춰야 하나요?

A 공기업이다 보니 무엇보다 높은 윤리성이 요구되는 것 같아요. 수행 업무가 정부정책과 밀접한 관련성이 있고, 공익성 추구를 목적으로 하기 때문이죠. 또한 자기계발을 위해 꾸준히 노력해야 해요. 공기업도 '기업'이기 때문에 대내외 환경변화에 민첩하게 반응하고 대응해 나가려면 구성원들의 수준 높은 역량이 절실히 필요합니다. 특히 기술직이라면 최신 기술 연구는 필수라고 생각해도 과언이 아니죠.

Q 지금의 직업을 위해 대학시절 어떤 준비를 했나요?

A 전공을 살려 직업을 가질 생각이었기 때문에 학교생활을 통하여 얻는 모든 것이 준비라고 생각했어요. 학교 수업을 충실히 듣고, 대학 연구실의 각종 프로젝트에 보조로 참여했죠. 모든 것이 나중에 일할 밑거름이 될 거라 확신하면서 말이죠. 주변의 선, 후배나 교수님들을 통해 환경 분야 기술개발 현황, 업계 동향 등 정보를 얻는 것도 빼놓을 수 없는 과정이었습니다. 자칫 학교생활에만 집중하다보면 사회에서 요구하는 것이 무엇인지 파악하지 못할 수도 있으니까요. 한두 가지 관련 자격증을 취득해 놓는 것도 취업에 도움이 될 거라 생각해요. 성실성의 척도가 될 수도 있거든요.

Q 직업의 미래성, 전망은 어떠한가요?

A 최근 언론에서 가장 많이 거론되는 단어 중 하나가 '블루 골드'가 아닐까 싶은데요. 그만큼 물 시장은 국내외에서 발전 가능성과 투자가치가 높은 시장으로 부각되고 있죠. 얼마

전 국내 대기업이 이 분야에 집중하겠다고 발표하여 큰 이슈가 되기도 했잖아요. 결과적으로 수질이 모든 것을 결정하는 물 산업에서 환경공학 전공자의 역할은 가장 중요하다고 할 수 있죠. 전문지식과 열정을 가지고 도전한다면 수자원 개발, 상하수도 처리 분야 등 앞으로의 활동 무대는 무궁무진하다고 봅니다.

환경공학과 졸업생들의 생생 직업 인터뷰 2

"현대엔지니어링(주)에 근무하는 전혜리 님을 만났습니다"

Q 어떤 일을 하나요?

A 졸업과 동시에 현재 근무하고 있는 현대엔지니어링(주)에 입사했는데, 이곳 환경부서에서 환경영향평가 업무를 맡아 진행하고 있어요. 참고로 환경영향평가란 쉽게 말하자면 건물을 짓거나 도로를 낸다거나 하는 개발을 할 때 그 개발행위가 환경적으로 어떤 영향을 미치는지 평가하고 그 영향을 최소화할 수 있는 방안을 제시해 주는 거예요.

Q 보통 하루 일과는 어떻게 되나요?

A 정해진 일과는 없으나, 보통 각자 맡은 프로젝트를 분석하고 필요한 자료를 찾아 보고서를 작성하는 식으로 일과가 진행돼요. 연계된 파트와 업무회의를 하기도 하고 필요하면 프로젝트가 진행될 현장에 출장을 가거나 시청이

미리 체험해 보는
환경공학과 원정기

나 군청 등의 지자체 담당자들을 만나러 가기도 하죠.

Q 이 직업의 가장 큰 매력은 무엇입니까?

A 내가 환경을 지키기 위해 조금이나마 기여하고 있다는 자부심 아닐까요? 예를 들어 하수처리시설이나 정수장 설계를 하면 몇 년 후 내가 참여했던 사업이 완공되어 그 곳을 지나갈 때 '아 내가 설계한 처리장이구나. 물이 깨끗하게 처리되어서 나가고 있네!' 하는 뿌듯함이 생기죠.

Q 어려운 점들은 어떤 것들이 있나요?

A 환경의 특성 중 하나가 경제가 어려우면 환경에 대한 관심이 줄어든다는 것이에요. 경제가 좋을 때는 정부에서도 환경 분야를 육성하기 위해 지원을 많이 하고 기업들도 환경에 관심을 많이 가지지만, 그렇지 않을 경우에는 환경이 상대적으로 소외되곤 하죠.

Q 대개 연봉은 어느 정도인가요?

A 환경업계 종사자의 연봉은 그야말로 천차만별입니다. 영세한 단종 업계에 들어가게 되면 연봉이 아주 적을 수도 있고 종합 엔지니어링사나 대기업, 공사 등에 취직하게 되면 일반 직장인 평균 이상의 연봉을 받을 수도 있습니다.

Q 어떤 자질을 갖춰야 하나요?

A 우선 환경을 사랑하는 마음이 가장 중요합니다. 그렇지 않

을 경우 단순한 업무로만 여겨져 일이 지겨울 수 있죠. 그리고 나무만을 보지 않고 숲을 볼 수 있는 통찰력도 필요합니다. 보통 환경 관련 일이 개발행위와 함께 진행되기 때문에 자신의 분야만 보아서는 안 되죠. 그 프로젝트의 전반적인 흐름을 알아야 하고 주변상황의 변화도 발 빠르게 감지해야 합니다. 또한 환경 관련 제도가 시시각각 변화하고 있기 때문에 제도의 흐름도 알고 있어야 하죠.

Q 지금의 직업을 위해 대학시절 어떤 준비를 했나요?

A 한국상하수도협회에서 6개월간 인턴을 했어요. 방학 때 시작해서 학기 중에는 수업을 모두 오후로 몰고 오전 중에만 인턴을 해서 길게 할 수 있었죠. 지금의 직업과 밀접한 관계는 없는 일을 했지만 직장이라는 것이 어떤 것인지, 환경 관련 일이 어떤 것인지 어렴풋이 알 수 있는 계기가 되었던 것 같아요. 그리고 저는 회사에 와서야 자격증을 취득했는데, 지금 와서 생각해 보면 기사 자격증 정도는 미리 취득해 두는 것이 좋을 것 같아요. 환경 관련 기사 자격증에는 수질환경, 대기환경, 폐기물, 소음·진동기사 등이 있는데 자신이 흥미 있어 하는 분야의 자격증 하나만 선택해서 따면 될 것 같습니다.

Q 이 직업의 미래성, 전망은 어떠한가요?

A 아이러니하게도 환경오염이 심각해질수록 환경 관련 일은 많아지게 되죠. 즉, 현재의 상황에서는 환경 분야는 확대되면 확대되었지 줄어들지

는 않는다는 말이에요. 사회적 분위기도 예전에는 환경 분야가 있어도 되고 없어도 그만인 분위기에서 필수불가결한 분야로 바뀌어 가고 있잖아요. 그만 큼 전망은 밝다고 할 수 있겠죠.

Q 마지막으로 이 분야에 관심을 갖고 있는 학생들에게 해주고 싶은 이야기가 있다면 요?

A 절대로 막연한 호기심만 가지고 학과나 직업을 선택하지 말라는 것입니다. 막연히 '환경에 관심이 있으니 이쪽으로 한번 가볼까?' 라고 생각하지만 말고 이 분야가 정확히 어떤 일을 하는지 책이든 인터넷이든 여러 매체를 통해 직 접 확인해 보고, 주변에 관련 분야에 종사하는 친척이나 아는 사람이 있다면 직접 만나서 이야기를 들어 보는 것도 좋겠지요. 그리고 나서도 여전히 관심 이 생기고 하고 싶은 마음이 들 때 이 분야에 뛰어든다면 훌륭한 환경인이 될 수 있을 것이라 여겨져요.

나 경감의 사건일지
환경오염 주범을 잡아라!

#5. 세계 최악의 환경재난, 보팔 사건

1984년 12월 3일 새벽 12시 30분경 75만 보팔 시민이 잠들어 있는 사이에 저장탱크에서 유독가스 8만 파운드(36톤 상당)가 누출되어 주변 인가로 퍼져나갔다. 이 가스는 공기보다 비중이 크기 때문에 안개처럼 지면 가까이에 머물렀고, 부근 25평방 마일 내에 있던 모든 생물은 죽음을 면치 못했다. 이곳에 거주하던 2,800여 명의 시민이 사고 당일 사망했고, 20만 명 이상의 피해자가 생겨났다. 이 사고는 짧은 시간 동안에 엄청난 희생자를 냈으며 자연 생태계까지 크게 훼손시켰다.

그 후 사망자와 부상자는 계속 늘어났다. 인도 정부의 비공식 집계에 따르면 사망자 1만 여 명, 부상자 60여만 명으로 보고되었으며 58만 3,000여 명이 피해보상 청구소송을 제기했다. 유니언 카바이드(Union Carbide)는 피해자들에게 4억 7,000만 불에 해당하는 보상금을 지급했다. 그러나 생존자의 대부분은 실명이나 호흡기 장애, 중추신경계와 면역체계의 이상으로 평생 고통받으며 살아야 했다. 또한 이 물질이 인체의 유전자를 변화시키기 때문에 이곳에서는 앞으로 암환자가 크게 늘어나고 많은 기형아가 태어날 것이 예상된다. 왜 이런 일이 발생한 것일까?

보팔 사건을 접한 나 경감은 빠르게 자료를 조사하기 시작했다. 사건의 경위는 이렇다. 미국의 다국적 기업인 유니언 카바이드는 화학약품 제

조회사로 인도 보팔 시에 현지공장을 설립하여 농약을 제조·판매했다. 이 공장은 농약 제조의 원료로 사용되는 메칠이소시안이라는 유독가스를 지하탱크에 저장하여 사용해 왔다. 메칠이소시안은 살충제, 제초제 및 의약품 합성의 원료로 사용되며 물과 격렬한 반응을 일으켰다. 미량으로도 사람의 폐와 눈에 심각한 장애를 유발하고 중추신경계와 면역체계를 일시에 파괴하는 독극물이다. 그런데 이 유독가스가 누출되는 사고가 일어난 것이다.

더구나 이 사건은 100% 인재(人災)였다. 높은 압력과 저온 상태가 유지되어야 하는 이 유독가스 저장탱크는 온도가 올라가면 폭발할 위험이 있기 때문에 안전수칙이 철저하게 지켜져야 하는 곳이었다. 그러나 보팔의 저장탱크에서는 안전수칙이 제대로 지켜지지 않은 것은 물론, 조기 경보체계도 작동되지 않았다. 특히 세계를 더욱 놀라게 한 것은 항상 위험이 도사리고 있는 유독가스 저장탱크가 인구가 밀집된 도시 빈민가의 한가운데 버젓이 자리 잡고 있었다는 점이다. 또한 이 지역 주민들은 위험성을 모른 채 무방비 상태로 살아왔다. 이같이 어처구니없는 상황이 순식간에 수많은 희생자를

낸 사고를 불러왔던 것이다.

보팔 사고는 80년대에 일어난 환경재난 사고 중 가장 많은 희생자를 냈다. 31명의 사망자를 낸 체르노빌 핵발전소 붕괴사고에 비하면 엄청난 희생을 치른 것이다. 세계 어느 나라에서도 도시 한가운데 핵발전소를 세우지는 않는다. 현재 모든 지역에서는 방사능이 크게 낮고 비교적 안전한 저준위 핵폐기물 매립지도 허용하지 않겠다고 아우성이다. 그러나 유독성 화학물질의 제조, 저장, 이동과정은 관대히 허용하는 잘못을 저지르고 있으며, 관리의 안전성은 핵발전소와 비교조차 할 수 없는 실정이다.

지금까지 많은 후진국은 다국적 기업의 공해산업을 유치하여 경제적 이익을 얻으려는 정책을 취해왔다. 그리고 이 정책은 서로의 이익에 부합되어 급속도로 확산되었다. 그러나 재해관리 능력이 부족한 후진국에서는 보팔 사고와 같은 위험이 항상 도사리고 있다. 오늘날 인류는 약 7만여 종류의 화학물질을 제조하여 사용하고 있는 것으로 알려져 있다. 이러한 화학물질은 공업과 농업 그리고 가정이나 사무실 등 일상생활에 이르기까지 사용되지 않는 곳이 없으며, 우리는 이 물질들과 접하지 않는 날이 하루도 없을 만큼 일반화되어 있다. 그러나 우리가 사용하는 화학물질의 약 반 정도에 해당하는 3만 5,000여 종류가 사람을 포함한 모든 생물에게 매우 유독한 것이기 때문에 항상 위험이 뒤따른

다. 제조와 보관 그리고 운반, 사용, 처분에 이르기까지 유해물질 안전 관리는 현대 인류의 생명선이라 해도 지나친 표현이 아니다.

#6. 끝나지 않은 전쟁, 베트남 고엽제 사건

우리나라의 베트남 참전용사들 중 상당수가 고엽제로 인하여 고통을 겪고 있다. 도대체 고엽제가 무엇이기에 아직까지도 사람들을 괴롭히고 있는 것일까? 나 경감은 베트남 고엽제 사건 조사에 착수하였고 곧 놀라운 사실을 발견하게 되었다.

베트남전 당시 미국의 큰 골칫거리는 밀림 속에 숨어 있던 적군의 반격이었다. 또한 대형무기를 바탕으로 하는 미국식 전쟁 방법에는 밀림이 큰 장애물이었다. 제2차 세계대전 당시 남태평양 전투에서 밀림 속에서 전쟁을 치른 경험이 있는 미국은 1962년 베트남전 개입 직후 밀림 제거를 위하여 제초제를 사용하기 시작했다. 미국은 1944년과 1945년에 이미 뉴기니전투에서 밀림 제거용 화학물질을 개발하여 사용한 것으로 기록되어 있다.

처음에는 에이전트 그린, 핑크, 퍼플 등으

로 불리는 제초제가 소규모로 사용되었다. 그러나 1964년 통킹만 사건을 계기로 미국은 베트남전에 본격적으로 개입하게 되었고, 1965년부터 '에이전트 오렌지'라 불리는 효능이 뛰어난 제초제를 개발하면서 이를 대량으로 살포했다.

에이전트 오렌지는 이것을 담았던 통이 오렌지색이었기 때문에 붙여진 이름으로 2, 4, 5-T와 2, 4-D라 불리는 두 종류의 화학물질을 50:50의 비율로 혼합한 것이다. 에이전트 오렌지는 베트남의 밀림을 제거하는 데 매우 뛰어난 효과를 보였다. 이것을 살포한 후에는 밀림의 나뭇잎도 낙엽이 되어 떨어지기 때문에 베트남전에 참전한 우리나라 군인들 사이에서 이 물질은 고엽제라 불렀다.

미 공군은 랜치 핸드라는 작전 부대를 두고 베트남 전역에 비행기로 고엽제를 살포하는 임무를 전담시켰다. 밀림 속에 숨어 있는 베트콩의 출현으로 전방과 후방의 구분이 없었던 베트남전에서는 전 국토의 밀림 지역이 살포 대상이었으며 적군의 식량 조달원인 농경지도 주요 살포 대상 지역이었다.

에이전트 오렌지는 베트남인의 주식인 콩, 땅콩, 감자, 망고 등을 제거하는 데 매우 효과적이었다. 또한 에이전트 오렌지가 벼를 고사시키는 데는 별 효과가 없자, 미국은 에이전트 블루라 불리는 맹독성 물질인 비소를 함유한 제초제를 개발하여 벼를 경작하는 논에도 살포했다.

미리 체험해 보는
환경공학과 원정기

미국은 베트남전에서 10년에 걸쳐 7,200만 리터의 고엽제를 살포한 것으로 기록되어 있다. 살포량의 90%는 밀림 제거를 위해 사용되었으며, 8%는 적군의 농경지에 살포하여 식량을 제거했고, 나머지 2%는 아군의 진지 주위에 살포하여 적군의 침입을 경계하는 데 사용되었다. 이 고엽제 살포로 밀림전을 수행하는 데 매우 큰 성과를 거두었지만, 그 뒤에는 엄청난 환경재난이 기다리고 있었다.

고엽제에 포함된 2, 4, 5-T는 제조과정에서 반드시 다이옥신(Dioxin)이라는 맹독의 화학물질을 불순물로 포함한다. 고엽제와 함께 살포된 이 다이옥신으로 인하여 전쟁이 끝나고도 베트남인과 전쟁에 참여한 군인들은 엄청난 피해를 겪게 된 것이다.

고엽제 살포 당시에는 다이옥신의 유해성도 과학적으로 규명하지 못했고, 2, 4, 5-T 제조과정에서 발생하는 불순물의 함유 비율도 알려지지 않았다. 게다가 이 유해한 불순물을 제거하려는 노력도 기울이지 않았다.

실제 베트남에서 다이옥신이 함유된 고엽제를 살포한 기간은 5년에 지나지 않는다. 그러나 고엽제와 함께 뿌려진 다이옥신으로 인해 전쟁 후 베트남에서는 태아의 절반이 사산되고 기형아 발생률이 전쟁 전에 비하여 10배나 높게 나타나고 있다.

또한 전쟁에 참여했던 미군과 우리나라 군인들의 피해는 지금도 나타나

고 있다. 참전 군인들의 암 발병률이 높고, 기형아가 태어나며, 정
신질환자도 많이 발생하는 것으로 보고된다.

나 경감은 힘겹게 조사를 마쳤다. 어서 빨리 고엽제 문제가 해결
되어 조금이나마 베트남 참전 군인들의 고통을 줄일 수 있으면
좋겠다는 바람을 가지며 문을 나섰다.

미리 체험해 보는
환경공학과 원정기

더 이상은 이러한 환
경재난이 발생하지
말아야할것이다.

1. 인류의 삶터, 생태계를 보호하라

2. 한 방울의 물까지 깨끗하게!

3. 푸른 하늘 맑은 공기를 위하여!

4. 살아 숨 쉬는 땅으로 만들자

5. 뜻밖의 자원, 폐기물을 활용하자

6. 지구 생명의 모태, 바다를 지켜라

지구를 지키기 위한
환경공학의 무한도전

인류의 삶터, 생태계를 보호하라

지금까지 알려진 바에 의하면 지구는 태양계에서 유일하게 생명체를 가진 별이다. 지구에서 생명체가 살아가고 있는 곳을 생태계라고 하며, 인간을 비롯한 모든 생명체와 이들이 살아가는 장소가 생태계의 구성 요소가 된다.

생태계의 구성

생태계는 크게 무생물적 요소와 생물적 요소로 이루어져 있다. 무생물적 요소에는 빛, 열, 바람, 소리와 같은 물리적인 것과 물, 산소, 이산화탄소, 질소, 무기염류, 유기물 등과 같은 화학적인 것이 있다. 생물적 요소는 생산자, 소비자, 분해자로 구성되어 있는데, 생산자는 식물, 소비자는 동물, 분해자는 박테리아와 곰팡이 등과 같은 미생물을 말한다.

생태계 내에는 생명체가 필요로 하는 물질들이 끊임없이 순환하고 있

다. 생명체의 주요 성분인 탄소,
산소, 수소, 질소, 인과 같은 원소
들이 무기물과 유기물로 형태를 바
꾸어 가며, 물, 대기, 토양과 같은 자연
계의 저장고와 생산자, 소비자, 분해
자와 같은 생물적 요소 사이를 이동한
다. 원래 생태계는 이러한 성분들이 저장고에 항상 일정한 양으로 존
재해야 하며, 생산자에게서 소비자로 그리고 분해자르 이동하는 속도
도 비교적 일정해야 한다. 그러나 오늘날 인간의 활동은 생태계의 물
질 순환에서 균형을 깨뜨리게 되었고, 그 결과 여러 가지 환경문제가
발생하고 있다.

환경문제의 시작

인류는 지금부터 약 1만 년 전인 신석기 시대부터 환경문제를 경험하
기 시작했다. 수십만 년을 이곳저곳 옮겨 다니며 수렵과 채집을 통한
유목생활에 의존하다가 신석기 시대에 와서 한곳에 머물며 농경으로
식량을 얻는 정착생활을 하게 되었다.

정착생활은 인류에게 더욱 나은 삶을 주었지만, 거주하는 곳에서 항
상 맑은 물을 구해야 하고 배설물을 처리해야 하는 등 유목생활과는
달리 생활 주변을 관리해야 하는 과제를 안겨주었다.

그 후 문명이 발달하면서 환경문제는 그 중요성이 ㄷ욱 커졌다. 특히,

지난 20세기 동안 급속히 발달한 산업문명은 많은 환경문제를 야기하였고, 이것은 지구의 운명과 우리의 삶에 중대한 영향을 미치는 수준까지 도달하게 되었다.

산업문명이 편리하고 풍요로운 삶을 누리게 해준 것은 분명한 사실이다. 그러나 산업문명이 가져다준 윤택한 삶의 이면에는 과거 그 어느 때보다 심각한 환경문제가 나타나게 되었다. 넘쳐나는 쓰레기와 폐수, 매연 등으로 자연은 병들고 우리의 삶도 위협받게 된 것이다.

산업문명으로 인한 환경문제들

도시화, 산업화, 식량생산, 전력생산, 교통발달 등 산업문명으로 인한 환경문제를 살펴보도록 하자.

① 도시화로 인한 것들

많은 사람들이 도시에 모여 살게 되면서 교육, 문화, 의료, 교통 등 여러 가지 편리함도 누리게 되었지만, 많은 양의 생활하수나 쓰레기 배출, 대기오염이나 소음 등 여러 가지 환경문제가 발생하게 되었다.

② 산업화로 인한 것들

현대 인류가 살아가는 데 필요한 자원과 문명의 이기를 생산하기 위해서 산

업화는 필연적이다. 그러나 산업화는 공장폐수, 대기오염물질, 산업
쓰레기 등 여러 가지 환경오염물질을 배출하게 된다 특히 산업체에
서 사용하는 유해 화학물질은 심각한 환경문제가 되고 있다.

③ 식량생산으로 인한 것들

농업기술의 발달로 식량생산은 급속히 증가하여 많은 사람들이 굶주
림에서 벗어날 수 있었다. 그러나 농약과 비료의 사용은 수질오염을
야기시켰고, 넓은 면적의 초지와 산림은 파괴되어 농지로 변했다.

④ 전력생산으로 인한 것들

전력은 현대 산업문명을 움직이는 원동력이다. 그러나 석탄과 석유를
사용하는 화력발전은 대기오염을 유발시키고 수력발전은 하천 생태계
를 단절시키며, 산림을 훼손하는 등 환경문제를 야기했다. 또한 원자
력발전 역시 사고의 위험과 핵폐기물 처리문제가 항상 도사리고 있다.

⑤ 교통발달로 인한 것들

자유롭게 이동하고자 하는 인간의 욕망은 교통수단을 발달시켜 왔다.
그러나 교통의 발달은 인간과 자연을 병들게 했다. 너무 많은 에너지
를 소모하여 석유자원을 고갈시키고 대기오염을 유발하였으며, 도로
와 주차공간은 자연 생태계를 파괴했다.

세계 환경 영웅사전 ①
미국 환경작가 레이첼 카슨

1962년 레이첼 카슨은 20세기 최고의 환경 명저가 된 〈침묵의 봄 Silent Spring〉을 저술하였다. 그녀는 이 책을 통해 과도한 살충제 사용이 어떤 결과를 가져오는지에 대한 경각심을 일깨워 주었다. 이 책은 20세기를 바꾼 100권의 책으로 선정되기도 했다.

그녀는 1907년 미국 펜실베이니아 주 스프링데일에서 태어나 1929년 펜실베이니아 여자대학교(지금의 채텀대학)를 졸업하고, 1932년 존스 홉킨스 대학교에서 해양동물학에 관한 연구로 석사학위를 받았다. 학업을 마친 후 미국 어류 및 야생생물청(Fish and Wildlife Service)에서 연구 활동을 하면서 자연의 아름다움과 생명의 경이로움을 주제로 많은 글을 썼다. 해양 자연사를 다룬 〈바닷바람을 맞으며, Under the Sea-Wind〉(1941), 〈우리를 둘러싼 바다, The Sea Around Us〉(1951), 북아메리카 해변의 자연사를 다룬 〈바다의 가장자리, The Edge of the Sea〉(1955)와 〈끊임없이 변화하는 해변, Our Ever-Changing Shore〉(1957) 등이 대표작이다. 그리고 1958년 봄부터 〈침묵의 봄, Silent Spring〉을 저술하기 시작하여 1962년 9월에 출간했다. 이 책이 나온 지 2년 뒤인 1964년 4월 14일, 그녀는 유방암으로 숨졌고, 그 뒤 1980년 정부로부터 자유훈장을 받았다.

한 방울의 물까지 깨끗하게!

물은 생명의 원천이며 인류 문명의 모태다. 태초에 바다가 만들어졌고, 여기에서 생명이 시작된 것이다. 생명은 물과 함께 진화해 왔으며 인류 문명도 물에서 시작되어 오늘에 이르고 있다. 먼저, 물의 특성과 용도에 대해 알아보도록 하자.

생명의 샘, 물에 대한 모든 것

① '물' 만의 독특한 성질

물에는 지구상에서 어떤 화학물질도 갖지 못한 독특한 성질이 있다. 이것은 지구 생명체의 생존과 관련되어 있다. 그것이 무엇일까? 크게 다섯 가지를 꼽을 수 있는데 첫째, 물은 지구상에서 가장 풍부한 물질로 지구의 곳곳에 분포하고 있다는 것이다. 그래서 생명체는 지구의 모든 곳에 생존할 수 있게 되었다. 둘째, 물은 다른 물질을 잘 녹이는 매우 좋은 용매이다. 생명체에 필요한 물질들은 물에 녹아 세포로 전

자연의 물은 하천, 호수, 지하수, 바다 등 다양한 형태로 존재하고 있다. 그리고 존재 형태에 따라 특성이 크게 달라진다.

달되고 이로 인해 생명이 유지된다. 셋째, 물은 투명하기 때문에 빛이 투과할 수 있다. 그 결과 수중에서도 식물이 광합성을 하고 생태계가 유지될 수 있다. 넷째, 물은 열 저장능력이 크다. 그래서 지구의 온도 조절에 탁월한 역할을 한다. 다섯째, 물은 얼음이 되면 가벼워진다. 그래서 겨울에 얼음이 얼면 물 위로 뜨는 것이다. 이 때문에 겨울에도 수중의 생물들은 물속에서 살 수 있다.

이러한 물은 사람이 살아가는 데 반드시 필요한 존재이다. 우리는 하루에 2리터 정도의 물을 섭취해야 하며, 목욕이나 세탁 등 생활에서도 물은 반드시 필요하다. 전력생산, 공장가동, 농사뿐만 아니라 폐수 정화 등 산업 활동에도 물은 중요한 역할을 한다.

② 사용가능한 물은 겨우 0.004%

물은 지구상에 다양한 형태로 분포하며 태양에너지를 이용하여 대기와 지면 사이를 끊임없이 순환한다. 이 과정을 통해 대기, 바다, 육지의 물이 균형을 이루게 되고, 생명이 탄생한 이후 약 30억 년 전부터 지구상의 물의 양도 일정하게 유지되고 있다. 지구 표면은 70% 정도가 물로 덮여 있다. 지구에 있는 물의 양은 14억 톤의 10억 배에 달할 정도로 많다. 하지만 대부분 인간이 직접 사용하기 어려운 바다에 분

포하고 있으며 담수는 약 2.6%에 불과하다. 또한 담수는 대부분이 빙하나 고산지대 만년설 또는 지하 심층에 존재하기 때문에 호수나 하천 그리고 지하수의 일부 등 인간이 사용가능한 물은 전체의 0.004% 뿐이다.

지구상에 존재하는 물은 증발, 응축, 강수과정을 끊임없이 반복하고 있다. 땅과 바다, 하천, 식물의 잎 등에 있는 물은 태양에너지로부터 열을 공급받아 대기 중으로 증발된다. 이 수증기는 위로 올라가면서 점점 온도가 낮아지고 얼음이나 물방울로 응축되어 구름을 형성한다. 구름이 점차 성장하면 비나 눈이 되어 지면에 내리게 된다. 이렇게 내린 물은 다시 증발하기도 하고 토양에 침투하여 지하수가 되기도 한다. 그리고 일부는 하천으로 흘러 바다로 가기도 한다 이러한 과정을 거치면서 물이 정화되고, 지구 곳곳의 생명체에게 공급된다.

③ 자연의 물에 대하여

자연의 물은 하천, 호수, 지하수, 바다 등 다양한 형태로 존재하고 있다. 그리고 존재 형태에 따라 물의 흐름과 생태계를 비롯하여 물이 갖는 특성이 크게 달라진다. 자연수체가 갖는 특성을 알아보자.

하천은 지구의 순환으로 하늘에서 내린 강우가 지표면을 거쳐 바다로 흘러 들어가는 경로이다. 하천의 물은 항상 흐르기 때문에, 자정능력이 뛰어나고 침식과 퇴적작용도 활발하게 일어난다. 또한 하천의 물은 인간에게 가장 유용하게 활용된다.

호수는 강우현상으로 내린 물을 저장해 주는 역할을 한다. 지구 대부분의 호수는 지각변동이나 빙하, 화산 등에 의해 만들어졌고, 인간의 필요에 따라 만들어지기도 한다. 특히, 우리나라의 경우는 자연호가 거의 없고 대부분이 댐건설로 인한 인공호이다. 호수의 물은 고여 있기 때문에 하천에 비해 자정능력이 떨어져 수질관리를 위해 많은 노력이 필요하다.

지하수는 빗물이 지하로 스며들어 토양이나 암석층 위에 고여 있는 것을 말한다. 지하수는 토양의 여과로 비교적 맑은 수질을 유지할 수 있다. 그러나 한번 오염되면 정화되는 데 오랜 시간이 걸린다.

습지는 얕은 물이 영구적 또는 일시적으로 지면을 덮고 있는 곳을 말한다. 습지에는 영양물질이 풍부하기 때문에 다양한 생물들이 서식하고 있으며 오염물질을 정화하는 능력도 뛰어나다.

하구는 하천과 바다가 만나는 곳으로 담수와 해수가 혼합되며 조석현상이 반복해서 나타나고 있다. 또한 담수 생태계와 해양 생태계가 공존하기 때문에 다양한 생물종이 서식한다.

바다는 지구상에서 가장 많은 양의 물이 저장된 곳이다. 염분도가 높아 직접 사용할 수는 없지만, 지구의 물 순환과 온도 조절에 중요한 역할을 한다.

수질을 오염시키는 것들

물에는 여러 가지 물질이 존재하는데, 이러한 물질은 종류와 농도에

지구를 지키기 위한
환경공학의 무한도전

따라 인간이나 다른 생물들에게 필수 영양소가 되기도 하고, 질병과 치사를 유발하는 독이 되기도 한다.

수질오염이란 이러한 물질이 인간이 물을 사용하는 데 방해가 될 만큼 충분한 농도로 존재하는 경우를 말한다. 수질오염은 생명에 직접 영향을 주는 경우뿐만 아니라 농업용수나 공업용수 그리고 위락 등 모든 인간의 물이용을 포함해서 정의된다.

하천이나 호수, 바다와 같은 지표수를 오염시키는 오염원은 내부원과 외부원으로 나누어진다. 내부원은 물속에서 오염물질이 만들어지는 것으로 수중 식물이나 동물의 사체 그리고 수체 바닥의 퇴적물 등이 있다.

외부원은 물 밖에서 유입되는 것으로 크게, 점오염원, 비점오염원 그리고 대기유입원으로 나누어진다. 점오염원은 유입 지점을 지도상에 하나의 점으로 표시할 수 있는 것으로 생활하수나 공장폐수 등이 여기에 해당한다. 비점오염원은 유입지점이 분산되어 있는 것을 말하며 강우현상으로 농촌이나 도시지역의 지표면에 있는 먼지나 쓰레기 등이 씻겨 들어가는 경우가 여기에 해당된다.

물을 오염시키는 물질은 수없이 많으나 이로 인해 나타나는 물의 성질은 크게 다섯 가지로 나눌 수 있다. 첫째, 부수성이다. 부수성이란 물이 부패하는 현상을 말하는데,

이러한 현상을 일으키는 물질을 부수성물질이라고 한다. 부수성물질이 물속에 많이 존재하게 되면, 용존 산소가 줄어들어서 수중 생물이 살아갈 수 없다.

둘째, 부영양성이다. 물속에 수중 식물이 성장하는 데 필요한 영양물질이 지나치게 많이 있으면 부영양화가 일어난다. 물속 식물성 플랑크톤이 성장하면 바다에서는 적조 현상이, 호수 등의 담수에서는 녹조 현상이 일어나게 된다.

셋째, 독성이다. 중금속이나 유독성 화학물질들이 생물체에 병을 일으키거나 치사를 유발하는 경우가 여기에 해당한다.

넷째, 병원성이다. 병을 일으키는 바이러스나 박테리아, 원생동물 등이 물속에 있는 경우다. 특히 물로 인한 병은 전염성이 강하기 때문에 피해가 발생하면 그 규모가 매우 크다.

다섯째, 혼탁성이다. 혼탁성은 수중에 부유물질이 존재하여 물의 투명도를 감소시키는 현상을 말한다. 혼탁성이 높은 물은 미관상 불쾌감을 줄 뿐만 아니라 물속에 빛이 투과하는 것을 방해하여 수중 식물의 광합성을 억제한다.

지하수의 경우 오염원이 지표수와는 다르다. 지하수 오염원은 자연원과 인위원으로 나뉜다. 자연원은 지하수가 위치한 곳 주변의 토양 구성 성분에 중금속이나 유해물질이 함유되어 지하수를 오염시키는 경우를 말한다. 탄광 주변의 지하수

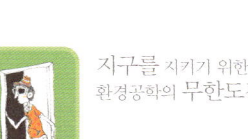

나 비소, 납 등의 유해 중금속이 지층에 함유되어 지하수에 녹아들어
간 사례가 여기에 해당한다. 인위원은 매립지 침출수, 정화조, 지하 저
장탱크, 하수구 등과 같이 인간에 의해 오염물질이 유입되는 경우이
다. 지하수를 오염시키는 주요물질로는 중금속, 병원성 미생물, 유기
화합물, 방사성물질, 독성물질 등이 있다. 지하수는 흐름이 매우 느리
고 미생물 활동이 활발하지 않기 때문에 한번 오염되면 스스로 정화
되기까지는 수백 년이 걸린다.

물을 깨끗하게 하는 기술

① 정수처리

수돗물은 과거 우리가 사용하던 우물물에 비해 훨씬 안전하고 편리하
다. 오늘날과 같은 수도시설이 보급되지 않았을 때에는 사람들은 개
천이나 우물의 물을 사용하였는데, 이런 물은 정제과정을 거치지 않
아 콜레라와 장티푸스 등과 같은 수인성 전염병을 많이 발생시켰다.
수돗물의 공급은 전염병 방지와 건강 증진, 인간 수명 연장에 크게 기
여하였다. 수돗물은 하천이나 호수에서 취수한 물을 응집, 침강, 활성
탄 처리, 염소 소독 등의 공정을 거치면서 완전히 멸균시킨 다음 수도
관을 통해 공급된다.

② 하수처리

우리가 사용한 하수가 하천으로 흘러 들어가면, 심각한 수질오염을

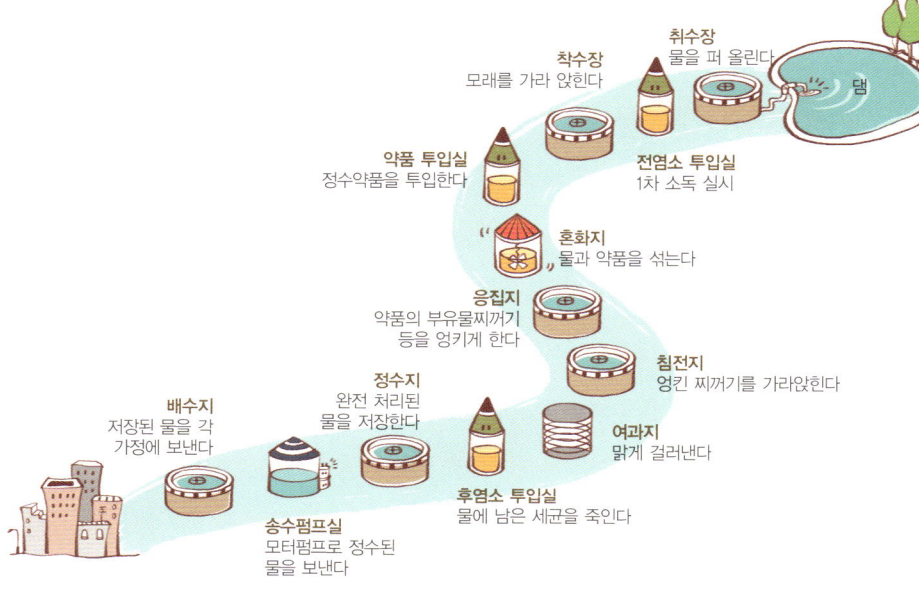

취수장
물을 퍼 올린다

댐

착수장
모래를 가라 앉힌다

약품 투입실
정수약품을 투입한다

전염소 투입실
1차 소독 실시

혼화지
물과 약품을 섞는다

응집지
약품의 부유물찌꺼기
등을 엉키게 한다

침전지
엉킨 찌꺼기를 가라앉힌다

배수지
저장된 물을 각
가정에 보낸다

정수지
완전 처리된
물을 저장한다

여과지
맑게 걸러낸다

후염소 투입실
물에 남은 세균을 죽인다

송수펌프실
모터펌프로 정수된
물을 보낸다

수돗물 생산과 공급과정

유발한다. 따라서 하수에 존재하는 유기물, 영양물질, 병원성 미생물 등을 제거하여 맑은 물로 만들어 보내야 한다. 하수처리는 정수처리와 더불어 오늘날 모든 도시에서 반드시 필요한 환경기술이다.

하수를 처리하는 방법은 여러 가지가 있는데 전 세계적으로 가장 널리 사용되는 것이 활성 슬러지법이다. 우리나라도 대부분의 하수처리장에서 이 방법을 사용하고 있다.

활성 슬러지법을 이용하여 하수를 처리하는 과정을 살펴보자. 하수관을 따라 처리장으로 유입된 하수는 맨 처음 덩어리가 큰 나뭇가지나 쓰레기들이 걸러진다. 그리고 비교적 무거운 모래는 침사지에서 제거된다. 다음으로 유기물이 함유된 부유물질은 1차 침전지에서 바닥으

로 가라앉아 제거되고, 제거되지 않은 유기물은 포기조에서 미생물들
이 분해되고 미생물 덩어리가 만들어진다. 2차 침전지에서 미생물 덩
어리가 바닥으로 가라앉아 제거되면 하수는 맑은 물로 변한다. 이렇
게 처리된 물은 염소소독을 거쳐 병원성 미생물이 제거된 다음 하천
으로 방류된다.

1차 침전지와 2차 침전지에서 바닥으로 가라앉은 물질을 슬러지라 하
는데 이것은 다시 미생물에 의해 분해된다. 이 슬러지 처리에서 발생
하는 메탄가스는 연료로도 사용할 수 있다.

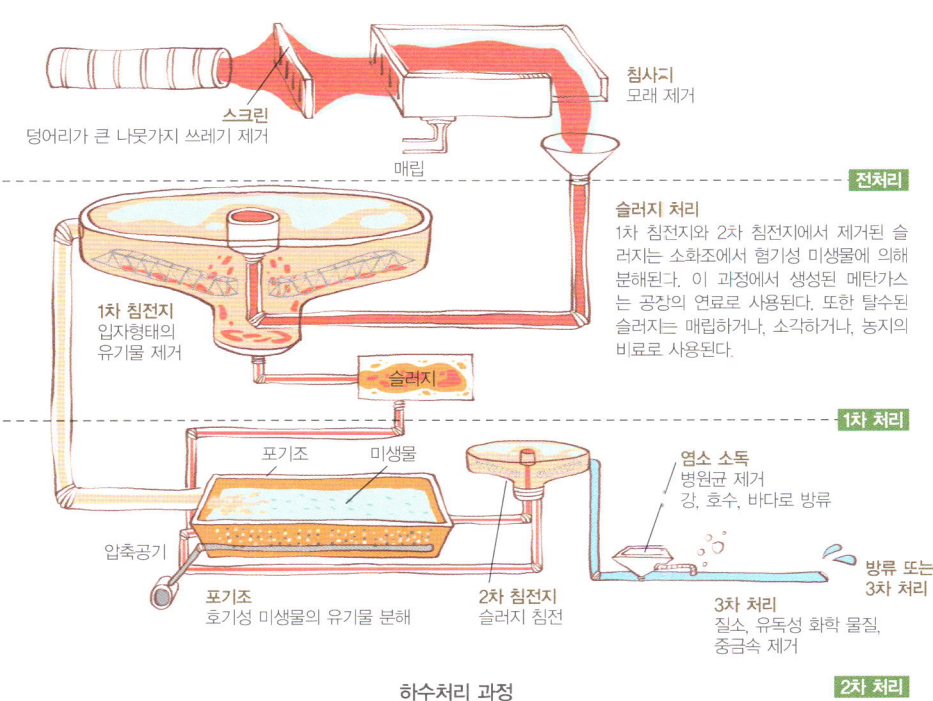

침사지
모래 제거

스크린
덩어리가 큰 나뭇가지 쓰레기 제거

매립

전처리

슬러지 처리
1차 침전지와 2차 침전지에서 제거된 슬
러지는 소화조에서 혐기성 미생물에 의해
분해된다. 이 과정에서 생성된 메탄가스
는 공장의 연료로 사용된다. 또한 탈수된
슬러지는 매립하거나, 소각하거나, 농지의
비료로 사용된다.

1차 침전지
입자형태의
유기물 제거

슬러지

1차 처리

포기조   미생물

염소 소독
병원균 제거
강, 호수, 바다로 방류

압축공기

**방류 또는
3차 처리**

포기조
호기성 미생물의 유기물 분해

2차 침전지
슬러지 침전

3차 처리
질소, 유독성 화학 물질,
중금속 제거

하수처리 과정

2차 처리

지식박스

세계 환경 영웅사전 ②
가이아 이론의 창시자 제임스 러브록

제임스 러브록은 지구를 하나의 작은 생명체로 보는 '가이아 이론'을 발표한 영국의 과학자이자 저술가이다. 가이아 이론은 1979년에 출간된 그의 저서 〈가이아 : 지구상의 생명을 보는 새로운 관점〉에 발표되었다. 이 이론은 '지구는 살아있다'는 가설이다.

가이아(Gaia)란 그리스 신화에 나오는 '대지의 여신'을 가리키는데, 지구는 살아있다는 주장이 전개되면서 지구를 상징적으로 나타내기 위해 사용한 말이다. 가이아로 표현되는 지구란 현재의 지구 그 자체만을 의미하지는 않는다. 가이아는 공간적으로는 대기권, 암석권, 생물권을, 시간적으로는 지구상에 생명이 태어난 시간부터 지금까지를 포함한다. 즉, 가이아란 공간적, 시간적 경계를 가지는 하나의 실체이며 바로 이 실체가 생명이 있다는 것이다.

가이아 이론은 지구를 생물과 무생물이 상호 작용하는 생물체로 바라보면서 지구가 생물에 의해 조절되는 하나의 유기체임을 강조한다. 가이아 이론은 하나의 가설에 불과하지만 지구 온난화와 같은 지구환경문제가 심각해짐에 따라 주목을 받고 있다.

그는 네덜란드 왕립미술과학아카데미에서 주는 암스테르담 환경상, 볼보 환경상(1996) 등을 받았다.

푸른 하늘 맑은 공기를 위하여!

대기는 지구 표면의 생태계를 보호하기 위해 그 주위를 둘러싸고 있는 공기 담요와 같다. 공기는 맛과 냄새가 없고 보이지도 않기 때문에 우리는 그 중요성을 종종 잊어버린다. 그러나 공기는 뜨거운 태양 광선으로부터 지구상의 생명체들을 보호해 주며, 생명이 살아가는 데 필요한 산소, 탄소, 질소 등 주요물질을 제공해 주고 있다. 특히, 산소 호흡을 하는 인간은 어느 누구도 공기 없이는 단 몇 분도 살 수 없다. 그래서 공기는 곧 우리의 생명과도 같은 것이다.

지구의 보호막, 대기의 구조

지구 대기가 무엇으로 구성되어 있으며 어떠한 구조로 이루어져 있는지 알아보자. 대기를 지면에서 수직으로 살펴보면 여러 가지 층으로 이루어져 있음을 알 수 있다. 즉, 지구 표면으로부터 거리에 따른 온도 변화를 기준으로 대류권, 성층권, 중간권, 열권으로 나눌 수 있다.

대류권은 지면으로부터 10~17km 범위에 분포한다. 고도가 1km 높아짐에 따라 기온이 6.5℃씩 하강하기 때문에, 따뜻한 공기가 아래에, 찬 공기가 위에 분포하고 있다. 우리가 숨 쉬는 공기가 위치한 곳도, 태양에너지에 의한 기상현상이 발생하는 곳도 바로 대류권이다.

대류권 위의 성층권은 지표면으로부터 10~50km에 자리 잡고 있으며 기상현상이 발생하지 않는다. 위로 갈수록 온도가 상승하며 공기가 희박하다. 성층권 내에 존재하고 있는 오존층은 태양으로부터 자외선을 흡수하여 생명체를 보호하는 역할을 한다.

고도 50~80km에 분포하고 있는 중간권은 위로 올라갈수록 기온이 낮아지며, 그 위에 위치한 열권은 지상에서 80~300km에 분포하고 위로 갈수록 기온이 올라간다.

지구를 감싸고 있는 공기의 95%가 대류권에 존재한다. 대류권의 공기에는 수많은 물질들이 포함되어 있는데, 이 중 99%는 질소와 산소로 채워져 있다. 공기에서 수분을 제외하면, 약 78%가 질소, 약 21%가 산소이며, 그 외에는 아르곤, 이산화탄소, 네온, 헬륨, 오존 등이 극미량으로 존재하고 있다. 이러한 미량의 기체들은 시간과 위치에 따라 그 양이 달라지며, 기상현상이나 기후변화에도 영향을 미친다. 또한 이 기체들은 지구에서 생명이 살아가는 데 필수적이며, 대류권을 일정한 온도로

유지하는 역할을 한다.

심각한 대기오염의 현주소

대기오염이란 배출된 물질로 인해 대기 성분이 변하여 인간과 생태계에 피해를 주는 현상을 말한다. 대기는 화산 폭발, 산불 등과 같은 자연현상과 산업, 교통, 난방 등의 인간 활동에 의해 오염된다. 자연현상에서 배출되는 물질은 비교적 양이 적고 대기에서 쉽게 정화되기 때문에 피해가 크지 않은 데 비해, 인간 활동으로 발생되는 물질은 우리의 건강과 생태계 그리고 건물 등에 이르기까지 많은 피해를 유발하고 있다.

대기오염은 현재 스모그와 산성비에서부터 오존층 파괴와 온난화와 같은 지구환경문제에 이르기까지 그 피해 범위가 매우 넓다. 대기오염이 사회적으로 문제가 되기 시작한 것은 산업혁명이 일어난 이후부터다. 석탄 소비가 급격히 늘어나면서, 자연이 스스로 정화할 수 있는 능력보다 훨씬 더 많은 오염물질이 대기로 배출된 것이다.

대기를 오염시키는 물질은 크게 기체인 가스상물질고· 고체 또는 액체로 이루어진 입자상물질로 나누어진다. 대표적인 가스상물질로는 일산화탄소와 이산화탄소, 질소산화물, 황산화물, 메탄가스 등이 있다. 입자상 물질에는 매연, 먼지, 광화학 스모그 등이 있으며 크기에 따라 거대 입자와 미세 입자로 나눌 수 있다. 이동거리가 짧고 유해성이 적은 거대 입자와는 달리 미세 입자는 멀리 이동하고 인체에 유해하기 때문에 더욱 세심한 관리가 필요하다.

대기오염원은 크게 자연원과 인위원으로 나누어진다. 자연원은 인간의 활동과 관계없이 오염물질을 발생시키는 배출원을 의미하는데, 화산 폭발, 산불 등이 여기에 속한다. 오늘날 문제가 되고 있는 대기오염은 대부분 인간 활동과 관련된 인위원으로 인한 것으로 난방, 산업, 전력생산, 자동차 등이 여기에 속한다.

① 도시화의 이면, 기온역전과 열섬 현상

대류권 내에서는 일반적으로 위로 올라갈수록 온도가 감소한다. 그러나 경우에 따라서, 이와는 반대로 위로 올라갈수록 온도가 증가하는 현상이 발생하기도 한다. 이러한 현상을 기온역전이라고 부르며, 이 현상이 생기는 대기층을 역전층이라고 한다.

역전층이 형성되면 지면 가까이 있는 낮은 온도의 공기는 비중이 높아 무겁기 때문에 계속 아래에 머물러 있고, 그 위에 있는 높은 온도의 공기는 비중이 낮아 가볍기 때문에 계속 위에 있게 된다. 이처럼 대기는 매우 안정된 상태를 나타내며 상하층 간의 공기 혼합이 나타나지 않는다. 또한 이 경우 대기는 대부분 바람이 없는 무풍현상을 동반하게 된다.

기온역전 현상이 발생하면 지면에 위치한 굴뚝으로부터 배출된 오염

물질이 역전층을 벗어나지 못하고 머물러 있기 때문이 오염물질이 축적되고 농도가 높아지게 되는 것이다.

사방이 산으로 둘러싸인 분지에는 바람이 비교적 없어 지면에서 배출된 대기오염물질이 외부로 빠져나가지 못한다. 뿐만 아니라 따뜻한 기류가 산 위로 지나갈 때 기온역전 현상이 발생하여 상하층 간의 공기 혼합도 원활하지 못하다. 따라서 분지로 된 곳에 도시나 산업시설이 위치한다면 평지에 비해 대기오염으로 인한 피해가 매우 크게 나타나게 된다. 또한 해안 근처에 자리 잡은 연안 도시라면, 해안에서 불어오는 저온 해풍에 의해 기온역전이 자주 발생하고, 이것이 대기 혼합을 방해하여 대기오염을 더욱 가중시킨다.

도시화가 진행되면서 산림과 초지가 사라지고 지면의 대부분은 아스팔트와 콘크리트로 덮이게 되었다. 또한 많은 양의 에너지가 사용되고 있다. 따라서 도시는 지면에서 태양열을 많이 흡수하고, 사용에너지로부터 많은 열량을 방출하기 때문에, 기온이 교외지역에 비해 높아지는 열섬 현상이 나타난다.

또한 도시에 들어선 건물들이 자연적인 공기의 흐름이나 바람을 방해하고, 지면으로부터의 수분 증발은 감소하게 되어 도시의 대기는 바람이 적고 건조해지는데 이러한 대기에서 도로 교통과 인간 생활에서 발생하는 대기오염물질이 계속 순환되는 먼지돔 현상도 도시화로 나타나는 주요 대기변화이다. 이러한 현상은 외부로부터 들어오는 신선한 공기와 태양의 자외선을 차단시킨다.

図 자외선 복사　먼지돔
　STOP
열방출　먼지　　열섬
신선한 공기 공급
접근방향　STOP
가스방출
공기중에 떠도는
입자, 먼지

열섬과 먼지돔 현상

② 도시의 불청객, 스모그 현상

스모그(smog)는 연기(smoke)와 안개(fog)의 합성어로, 처음에는 공장이나 자동차, 가정의 굴뚝에서 나오는 매연이 안개와 섞여 있는 현상을 말하는 것이었다. 그 후, 자동차에서 발생하는 질소산화물이 태양에너지를 사용하여 오존을 만들어 내고 이것이 다시 탄화수소와 반응하여 PAN(Peroxy Acetyl Nitrate)이라는 미세 입자상 물질을 만들게 되는데, PAN이 발생하였을 때 안개가 자욱한 것처럼 보인다고 하여 이를 광화학 스모그라고 한다. 지금은 안개보다 광화학 반응에 의한 현상을 주로 스모그라고 부른다. 스모그 현상은 인체에 눈병이나 호흡기 질환을 유발하며, 식물 성장에 많은 피해를 준다.

스모그는 자주 발생한 도시 지명에 따라 크게 런던형과 로스앤젤레스

지구를 지키기 위한
환경공학의 무한도전

형으로 나뉜다. 매연과 안개가 결합한 것을 런던형 스모그, 태양에너지로 만들어진 광화학 스모그를 로스앤젤레스형 스모그라 한다. 런던형 스모그는 석탄이 연소할 때 나오는 아황산가스가 원인이며, 로스앤젤레스형 스모그는 자동차의 배기가스가 원인이다.

런던은 산업혁명이 처음 시작된 곳으로 석탄이 풍부하여 도든 난방과 산업용 연료로 석탄을 사용하였다. 또한, 런던은 초겨울에 바람이 불지 않는 무풍현상과 안개가 자주 발생하였다. 그 결과, 런던에는 석탄 연소에서 나오는 아황산가스와 안개가 결합하여 스모그가 자주 발생하였고, 이것은 시민들의 호흡기에 치명적인 피해를 입히며 수천 명이 일시에 사망하는 재난으로 이어지기도 했다.

런던과 달리 로스앤젤레스는 강렬한 태양빛 때문에 20세기 초부터 영화산업이 발달하였다. 당시의 사진기술로는 강렬한 태양빛이 있어야 선명한 화질의 영화를 만들 수 있었기 때문이다. 그 후 자동차 사용이 일반화되면서 로스앤젤레스에는 자동차가 급속히 늘어났고, 20세기 중반에는 강렬한 태양빛과 자동차 매연이 결합하여 광화학 스모그를 만들어 냈다. 광화학 스모그는 햇빛이 강한 여름철 낮에 많이 발생하며 눈, 코, 목의 점막을 자극하여 눈물, 콧물, 재채기 등을 일으키고 호흡기에 치명적인 피해를 준다.

③ 국제환경문제가 된 산성비

높은 수소이온농도를 나타내는 비를 산성비라 한다. 일반적으로 대기에는 이산화탄소가 존재하기 때문에 비는 약한 산성을 나타낸다. 그러나 대기가 아황산가스나 이산화질소로 오염되면, 공기나 구름의 수분이 결합하여 황산이나 질산이 만들어져 하늘에서 내리는 비와 눈, 우박 등이 강한 산성을 나타내게 된다. 뿐만 아니라 지면 가까이에서 만들어지는 안개와 서리 등이 강한 산성을 나타내는 경우도 자주 발생하고, 하늘에서 떨어지는 먼지가 산성을 띠기도 한다. 산성비는 대기오염물질이 구름을 따라 멀리 이동하여 나타날 수 있기 때문에 원인을 제공한 국가와 피해를 입는 국가가 다른 경우도 자주 발생한다. 때문에 국제환경문제가 나타나게 되는 것이다. 미국과 캐나다, 유럽 등에서는 오래전부터 산성비로 인하여 국가 간 환경문제를 경험하고 있다. 우리나라에 내리는 산성비도 상당 부분 중국에서 이동한 경우이다.

산성비는 생태계, 수자원, 자동차, 건물 등에 다양한 피해를 야기하고 있다. 자, 산성비의 원인과 생성과정을 알아보고, 어떠한 피해를 주는지를 살펴보자.

산성비의 주요 원인물질은 석탄과 석유가 연소될 때 배출되는 질소산화물과 황산화물이다. 아황산가스나 이산화질소가 대기 중 수분과 결합하면 황산이나 질산이 된다. 황산이나 질산은 구름이 형성되기 전에 만들어져서 구름과 함께 멀리 이동하기도 하고, 내리는 비나 눈이 오염된 대기를 통과하면서 만들어지기도 한다. 또한, 지면 가까이에 서리나 안개가 형성될 때 만들어지기도 한다. 전자와 같이 구름에 포

함된 산성비는 장거리 이동이 가능하여 국제문제가 될 수 있으나, 후자는 오염물질을 배출한 곳에서 피해를 받게 된다.

산성비는 사람의 눈이나 피부에 질병을 유발한다. 또한 대리석이나 석회석으로 된 동상이나 조각품을 훼손시키고, 건물이나 자동차, 의복 등을 손상시키는 등 재산상의 피해를 가져온다. 산성비는 토양에 존재하는 칼륨, 마그네슘, 칼슘 이온 등과 같이 식물 성장에 필요한 미량 원소를 용해시켜 토양을 척박하게 만들고, 알루미늄이나 기타 유해 중금속을 용출시켜 지하수나 하천수의 독성을 증가시키기도 한다. 또한, 토양이 산성화됨으로써 토양에 서식하는 부식성 미생물이 죽게 되어 유기물과 영양물질을 순환시키는 과정이 단절된다. 이처럼 토양을 척박하게 하는 것은 물론 육상 식물의 성장을 저하하고, 식물의 엽록소를 파괴하여 광합성을 억제한다. 그리고 식물의 꽃에 직접 피해를 주어, 열매를 맺지 못하게 하고 번식을 억제한다. 이러한 육상 생태계의 피해는 산림과 과수 농업에 많은 경제적 피해로 이어진다.

산성비는 수중의 산성도를 증가시켜 물고기의 종과 개체수를 감소시킨다. 일반적으로 pH가 5.0 이하가 되면 대부분의 물고기는 생존할 수 없고, 4.0 이하에서는 주요 수중 동물이 사라지게 된다.

또한, 하천과 호수 바닥의 토양이나 퇴적물에 포함되어 있는 유독성 중

금속을 용출시켜 수중 생물에 피해를 주고, 먹이사슬을 통하여 많은 양이 농축되어 생태계 전체에 피해를 주기도 한다.

④ 지구 온난화로 열병을 앓고 있는 지구

지구의 대기층은 태양에서 오는 에너지를 이곳에 머물게 하여 지구를 따뜻하게 유지해 주는 보온 역할을 한다. 그러나 지난 몇백 년간 이 보온 역할이 점점 강해져, 지구가 과거에 비해 더워지고 있다.

지구가 더워지고 있는 현상을 우리는 지구 온난화라 부르는데, 최근 이에 따른 피해가 세계 곳곳에서 보고되고 있다. 특히 1980년대 이후 지구 평균 온도가 과거에 비해 급속히 증가하고 있으며, 도처에서 홍수와 가뭄 등의 기상이변이 속출하고 있다. 지구가 더워지면 해수가 팽창하고 남극과 북극의 빙하와 고산지대의 만년설이 녹아서 해수면이 높아지게 된다. 또한 기류와 해류가 변하고, 육상과 해양 생태계가 파괴되며, 농작물의 수확량이 감소하는 등 지구 전역에 걸친 광범위한 피해가 예상된다. 지구 온난화는 왜 일어나게 되는지 그 원리와 피해에 대해 알아보자.

태양으로부터 지구 표면에 도달한 에너지의 일부는 반사되어 우주로 되돌아가고, 일부는 열로 바뀌어 지면을 데운 후에 지구를 빠져나간다. 태양에너지가 열로 바뀌어 지면을 데우는 현상을 온실효과라고 하며, 대기 성분 중 이산화탄소, 수분, 메탄가스 등이 그 효과를 담당하고 있다.

온실효과는 지구가 생성된 이후 계속되어 왔으며, 지구 온도를 일정하게 유지시켜 지구에 생명이 살 수 있도록 해주었다. 만약, 지구에 온실효과가 없다면 지구는 적도와 극지방, 밤과 낮의 온도 차가 극심하고, 너무 추워 생명이 살 수 없는 곳이 될 것이다. 그러나 산업혁명 이후 지구 대기의 온실가스인 이산화탄소가 크게 증가하여 온실효과가 필요 이상으로 나타나고 있다. 실제로 현재 대기의 이산화탄소 양은 산업혁명 이전에 비해 25% 이상 증가하였으며, 특히 최근 몇십 년 사이에 매우 빠르게 증가하고 있다.

이산화탄소 외에 프레온, 메탄, 오존, 이산화질소 등도 지구 온난화에 기여하는 주요 온실가스이다. 메탄이나 프레온 가스는 이산화탄소보다 훨씬 더 강한 온실효과를 일으키지만, 아직까지 대기 중의 농도가 낮아서 지구 온난화에서 차지하는 비중이 적은 편이다.

⑤ 자외선을 막는 오존층의 파괴

지구 대기의 성층권에는 산소원자 3개로 구성되어 있는 오존이 밀집되어 있는 오존층이 존재하고 있다. 이 오존층은 태양에서 도달하는 자외선을 차단해 주는 역할을 한다. 자외선이 지표면에 도달하면 인체를 비롯한 지구 생명체의 유전자를 파괴하여 암을 일으키는 등 많은 피해를 입힌다. 특히, 파장이 짧은 자외선은 지구 생명체에 미치는 유해도가 매우 크다. 즉, 오존층은 지구 생명체를 위하여 없어서는 안 되는 보호막인 것이다. 그러나 지난 1980년대 초 이 보호막에 구멍이

생겼다는 것이 위성사진으로 확인되었으며, 그 피해가 지구 곳곳에서 나타나기 시작했다. 냉장고와 에어컨의 냉매로 사용하고 있는 프레온 가스가 성층권에 도달하여 오존층을 파괴한 것이다.

냉장고와 에어컨 그리고 스프레이 등에 사용되는 프레온 가스는 매우 안정된 물질이기 때문에 공기 중에 배출되면 대류권에서는 분해되지 않는다. 그래서 이 물질은 성층권까지 도달하여 여기서 강한 자외선을 받아 분해된다. 프레온 가스가 분해되면서 생성된 물질이 오존을 반복해서 산소로 분해시킨다. 일반적으로 프레온 가스 한 분자가 약 1만 개의 오존 분자를 파괴하는 것으로 알려져 있다. 특히, 극지방의 오존층은 적도지방에 비해 고도가 낮고, 기류 차이로 인해 온도가 낮기 때문에 쉽게 파괴된다.

오존층이 파괴되면 많은 양의 유해 자외선이 지표면에 도달하여 사람에게 피부암, 백내장, 각막염 등을 유발시키고 피부 노화를 촉진한다. 또한, 식물의 광합성을 저해하여 농작물 생산과 산림이 감소하며, 수중의 식물성 플랑크톤이 감소하여 어업에 피해가 나타난다. 강한 자외선으로 인하여 대기의 화학반응이 활발해져서 도시 지역의 대기오염은 심화되고, 건축물의 부식과 노화도 촉진된다.

대기오염 방지기술들

지난 몇십 년 동안 세계 각국에서 대기오염으로 인한 피해를 방지하기 위하여 다양한 기술을 개발하였다. 이 중 현재 널리 사용되는 대기오염 방지기술들을 소개하고자 한다. 우선, 인간이 개발한 대기오염 방지기술을 소개하기 전에 자연이 어떻게 스스로 대기를 정화하는지 알아보자.

일반적으로 대기오염물질은 지면에서 배출되기 때문에 지면 부근에서 항상 높은 농도로 존재한다. 지면 부근의 대기는 상층부에 비해 온도가 높기 때문에 가벼워서 항상 위로 올라가 쉽게 흔합되고, 바람에 의해 배출지점에서 멀어지면서 희석된다.

바람이 없거나 상하층 간 대기 혼합이 심하지 않은 곳에서는 입자상 대기오염물질은 먼지가 되어 지면에 떨어지기도 하는데, 이때 가스상 물질을 흡착하여 제거되기도 한다. 또한 대기오염물질은 비나 눈에 씻겨 지면으로 내려오거나, 구름에 포함되어 비나 눈을 만드는 역할도 한다. 그래서 비가 온 후 하늘이 맑아지는 것이나 오염된 대기에서 만들어진 눈이 깨끗하지 못한 것도 이러한 이유 때문이다. 이처럼 대기오염은 바람, 비, 먼지, 그리고 희석현상 등에 의해 자연 스스로 정화되기도 하지만, 많은 양의 오염물질이 배출되면 자정범위를 넘어서 심각한 피해를 겪게 된다. 또한, 기상현상이 일시적으로 자정능력이 떨어지거나 자정작용이 약한 분지와 같은 지형을 가진 곳에서는 적은 양의 배출에도 많은 피해를 보게 된다. 때문에 우리 역시 여러 기술을 개발하는 데 주력하고 있는 것이다.

대기오염을 줄이기 위해 지금까지 다양한 방법을 사용하였다. 그중에는 오염 배출원을 여러 곳으로 분산하거나 공장의 굴뚝을 높게 설치함으로써 자정능력을 극대화하는 방법도 있으며, 석탄이나 석유 대신에 천연가스를 사용하여 대기오염물질의 배출을 줄이는 방법도 있다. 또한 공장에서 대기오염물질을 적게 배출할 수 있도록 생산 공정을 개선하기도 한다. 그러나 이러한 방법에는 한계가 있기 때문에, 발생한 오염물질이 대기에 배출되기 전에 제거하는 방지기술이 가장 널리 사용되고 있다.

지난 몇십 년 동안 세계 각국에서 대기오염으로 인한 피해를 방지하기 위하여 다양한 기술을 개발하였다.

지구를 지키기 위한
환경공학의 무한도전

현재 사용하고 있는 대기오염 방지기술

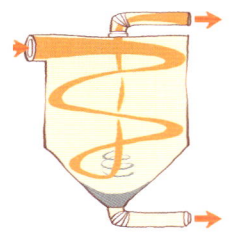

중력침강장치
입자의 크기가 크고 가스의 배출속
도가 느리면 중력을 이용해 입자들
을 가라앉힐 수 있다.

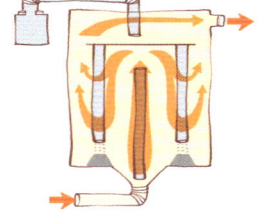

원심력침강장치
원심력을 이용해 가스를 회전시켜
입자상 오염물질을 제거할 수 있다.

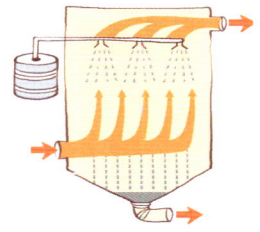

세정집진장치
배출가스에 물을 뿌려 오염물질을
제거한다. 비가 오면서 대기오염물
질을 세척하는 것과 같은 원리로
입자상 물질과 가스상 물질을 동시
에 제거할 수 있다.

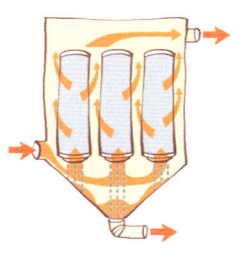

여과집진장치
진공청소기와 같은 원리로 먼지와
같은 입자상 물질이 여과 직물에
의해 걸러진다.

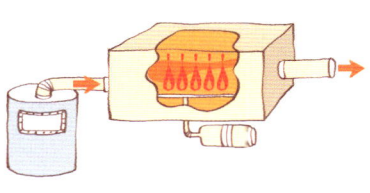

소각장치
배출가스에 남아있는 물질을 태워
서 제거한다.

지식박스

세계 환경 영웅사전 ③
월드워치연구소 소장 레스터 브라운

레스터 브라운은 1974년 세계적인 환경연구소인 월드워치연구소 (World Watch Institute)를 설립했다. 그는 1934년 미국 뉴저지 주에서 태어났다. 1955년 럿거스 대학교를 졸업하였고, 1959년 메릴랜드 대학교 농업경제학 석사학위를, 1962년 하버드 대학교 공공정책학 석사학위를 받았다. 전 세계에 환경 이슈를 본격적으로 제안해 왔으며, 여기서 매년 펴내는 지구환경보고서는 전 세계적인 권위를 인정받고 있다.

그는 환경, 식량, 인구, 에너지와 자연자원, 세계경제에 대한 변화를 조사하여 국제 사회의 미래에 대한 예측과 전망, 경고, 대안 등을 제시하고 있다. 또한 환경문제를 세계경제 질서, 과학기술 발전, 생활 방식 등과 연관이 있는 복합적인 문제로 인식하고 있으며 그의 이러한 접근은 세계적인 주목을 받고 있다. 오존층 파괴, 지구 온난화, 생물다양성 파괴 등과 같은 지구환경문제뿐만 아니라 수질, 대기, 토양 오염 등과 같은 지역 환경문제도 모두 에너지 수급방향, 국제 무역질서와 밀접하게 연계된 것으로 인식하고 대안을 제시하고 있다.

그는 1987년 UN환경상을 받았고, 1989년에는 국제자연보호기금 금메달을, 1998년에는 환경단체 오더본협회가 주는 100명 보존인 상을 받았다.

지구를 지키기 위한
환경공학의 무한도전

살아 숨 쉬는 땅으로 만들자

토양은 물, 대기와 함께 지구 생명체가 살아가는 환경을 구성하는 세 가지 요소 중 하나이다. 토양은 고체이기 때문에 액체인 물과 기체인 대기와는 달리 한곳에 고정되어 있으며, 육상 생태계를 지탱하는 가장 중요한 요소이다.

지구 생태계의 신장, 토양

인간을 포함한 수많은 지구 생명체는 이곳에 삶의 터전을 마련하고 있다. 토양에서는 인간을 포함한 모든 육상 생명체가 서식한다. 식물은 토양에서 영양물질과 수분을 공급받아 성장하고, 동물은 식물로부터 생명을 유지하고 있다. 또한 토양 속에는 미생물뿐만 아니라 육상 동물들이 집을 짓고 살아가고 있다. 특히, 토양 미생물에 의한 유기물 분해와 영양물질 순환은 생태계가 유지되기 위한 필수 요소이다. 또한, 지렁이를 비롯한 많은 무척추동물들은 토양에 함유된 유기물로

살아가고 있다. 이러한 생명활동은 토양 정화와 생태계의 물질 순환에서 중요한 역할을 하며, 인간의 생활과 밀접한 관련이 있다. 인간은 토양에서 이루어지는 농업을 통하여 식량을 얻고 산림으로부터 수많은 자원을 얻고 있다.

토양은 물과 대기에 비해 오염물질 정화능력이 탁월하다. 지구 생태계에서 발생하는 동식물 사체나 배설물 등 수많은 쓰레기가 이곳에서 미생물에 의해 분해되고 정화된다. 또한 토양은 뛰어난 흡착력과 여과기능이 있기 때문에 오염된 물이 이곳을 거치면서 맑은 물로 변한다. 대기오염물질이 빗물에 씻겨 내려와 토양에서 정화되고 많은 육상의 배설물이 이곳에서 분해되기 때문에 토양은 인체에서 피를 맑게 하는 신장과 같은 역할을 한다고 볼 수 있다.

지구 생태계의 신장이라고 할 수 있는 토양에 대해 알아보도록 하자. 토양의 구성과 성질 그리고 생태계에서의 토양의 역할은 어떠할까?

토양은 암석이 햇빛, 비, 바람 등에 의해 풍화, 침식되고, 육상 생물의 사체와 배설물이 부식되어 만들어진 물질이다. 더 많은 풍화와 침식을 거칠수록 더 작은 크기의 토양입자들이 만들어지고, 많은 생물이 부식될수록 더 많은 유기물이 토양에 포함된다. 이렇게 만들어진 토양은 원래 있던 곳에 남거나 바람과 물에 의해 새로운 장소로 운반되어 토양층을 형성하게 된다.

토양 입자는 그 크기에 따라 자갈, 굵은 모래, 가는 모래, 점토 등으로 이루어져 있으며, 각각의 함량비에 따라 토양의 성질이 달라진다.

토양은 고체로 이루어져 있지만, 입자 사이의 빈 공간에는 수분과 공기가 채워져 있기 때문에, 흔히 토양의 성분은 고체오·액체 그리고 기체를 함께 포함한다. 토양에는 유기물과 수분 그리고 공기가 함께 있어 미생물 활동이 활발하고, 식물이 뿌리를 내려 영양물질과 수분을 공급받을 수 있다. 또한 흡착력이 뛰어나기 때문에 중금속이나 유독성 화학물질은 대부분 토양 표면에 흡착되어 정화돤다. 그리고 토양의 여과작용으로, 오염된 물속에 포함된 고형물질은 이곳에서 걸러지게 된다. 흡착과 여과로 제거된 오염물질은 마지막으로 토양미생물이 분해한다.

이처럼 토양은 지구 생태계를 정화하는 신장과 같은 역할을 하지만 한번 오염되면 스스로 정화되기까지 오랜 시간이 걸린다. 대기나 하천, 호수 등은 기상현상을 통하여 정화될 수 있지만 토양에는 기상현상이 미치지 못하고 흡착된 오염물질이 한곳에 머물러 있기 때문에 그 피해는 오랜 기간 동안 지속된다.

토양오염과 사막화

최근 인간의 산업활동에 의해 토양은 유해한 물질로 오염되거나, 식량생산을 위한 과도한 경작과 강우량 부족으로 사막화되고 있다. 또한 강우현상에 따라 비옥한 표토층이 유실되어 토양이 척박해지고 하천이나 호수의 수질이 악화되는 현상이 발생하기도 한다.

토양오염이나 사막화, 표토층 유실 등은 결국 인간이나 생태계의 피해로 돌아온다. 토양에 포함된 유해물질은 이곳에서 경작되는 농작물이나 지하수를 통하여 인체에 해를 입히며, 호흡기나 피부에 직접 질병을 유발하기도 한다. 사막화는 기아와 질병의 원인이 되기도 하고 기후변화와 황사를 일으켜 주변국가에도 큰 피해를 준다.

토양오염을 유발하는 주요 원인은 산업단지의 유해물질 지하저장고나 주유소의 기름 저장탱크의 누출이다. 또한, 쓰레기 매립지의 침출수 유입, 하수도와 정화조의 누수현상, 광산폐수, 그리고 농경지에서 살포되는 농약도 토양오염으로 이어진다. 강우 시 대도시와 산업단지의 지면을 세척한 물이나 대기오염물질이 토양에 유입되거나 오염된 하천이나 연못의 물이 농업용수로 사용될 때에도 토양이 오염될 수 있다. 토양을 오염시키는 주요물질은 중금속과 유독성 화학물질, 석유화학물질 그리고 농약 등이며, 대부분 지하수 오염으로 이어진다.

사막화는 토양이 건조하여 초목이 자라지 못하는 불모지로 변하는 것을 말한다. 이것은 장기간에 걸친 가뭄 발생과 같은 기후적 요인이나 과잉 경작과 같은 인위적 요인으로 나타난다. 지금까지 지구에서 진행되어 온 사막화를 살펴보면 대부분이 인위적 요인에 의한 것이다. 급속히 늘어나는 인구를 지탱하고 산업사회가 요구하는 자원을 공급하기 위한 과도한 경작과 산림 벌채가 사막화를 불러온 것이다.

또한, 이것은 토양 유실을 유발하여 황사로 이어지거나 강우 시 하천

이나 호수의 수질을 오염시키기도 한다. 현재 중국과 몽골에서 확대되고 있는 사막화는 우리나라에 많은 황사를 가져오고 있다. 뿐만 아니라 우리나라는 집중 강우가 내리면 많은 토양이 유실되어 하천과 호수가 황톳물로 덮이고 있으며, 그 피해는 바다에까지 이르고 있다.

토양의 자정능력과 정화기술

토양은 미생물의 활발한 활동과 뛰어난 흡착력을 바탕으로 육상에서 발생하는 다양한 오염물질을 정화하고 있다. 토양에는 다양한 미생물과 수분, 공기 등이 포함되어 있기 때문에 강우 시 지면을 통하여 유입된 유기물은 미생물에 의해 분해되어 물과 이산화탄소 또는 메탄가스와 암모니아 등으로 대기로 배출되거나 지하수로 침투된다.

토양이 가진 뛰어난 흡착력과 여과 기능도 오염물질을 자정하는 데 중요한 역할을 한다. 빗물은 대기오염물질과 지면에 축적된 오염물질을 씻어 토양을 통과하여 지하수가 되고, 이것은 다시 하천으로 유출되기도 한다. 이 과정에서 토양의 자정능력으로 인해 오염물질이 정화되고 토양과 암석에 함유된 미네랄 성분을 녹여내어 우리에게 필요한 물을 만들어 낸다. 하천과 호수의 맑은 물이나 일상에서 먹는 식수 특히, 먹는 샘물은 바로 토양이 가진 자정능력에 의한 것이라 해도 과언이 아니다. 이처럼 육상 동식물의 사체와 배설물에서부터 지면에 떨어지는 대기오염물질에 이르기까지 토양에 유입된 물질은 대부분 분해되어 대기나 물로 배출되거나 식물 성장에 필요한 영양물질로 공급된다.

그러나 토양이 유독성 화학물질이나 중금속, 석유화학물질 등으로 오염되면 토양 미생물이 생존할 수 없어 스스로 정화할 수 없게 된다. 또한 이러한 유해물질은 지하수 오염으로 이어지고 결국 생태계와 인간에게 커다란 재난으로 돌아온다.

지난 몇십 년 동안 유해물질로 오염된 토양은 지구 곳곳에서 보고되어 왔고, 토양을 유해물질로부터 지키기 위해 예방에서부터 토양정화에 이르기까지 다양한 기술이 계속 개발되고 있다.

현재 널리 이용하고 있는 토양정화기술

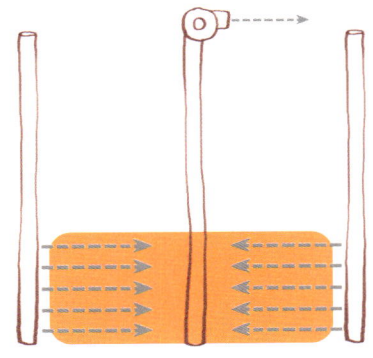

토양증기추출법

외부에서 공기를 불어넣어 토양에서 오염
물질을 대기로 뽑아내는 방법이다. 주로
휘발성 오염물질 제거에 사용된다.

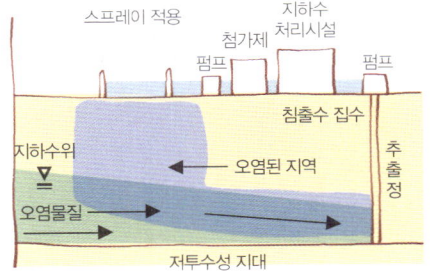

토양세정

토양에 흡착된 오염물질을 씻어낼 수 있는
세정액을 주입하여 토양입자와 오염물질
을 탈착시켜 추출액을 지면 밖으로 뽑아내
어 처리하는 방법이다. 중금속이나 방사능
오염물질을 포함한 무기물 제거에 주로 사
용된다.

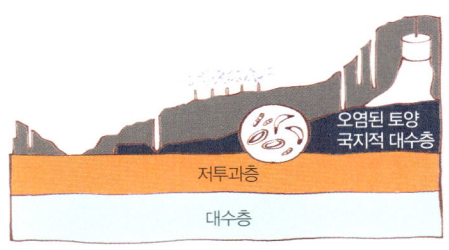

생물분해법

오염된 토양에 산소를 충분히 공급함으로
써 미생물이 유기오염물질을 잘 분해할 수
있도록 해주는 방법으로 유기용매와 유류
오염물질 제거에 사용된다.

세계 환경 영웅사전 ④

노벨상 수상의 얼굴들, 셔우드 롤런드와 마리오 몰리나

셔우드 롤런드와 마리오 몰리나는 프레온 가스의 오존층 파괴에 대해 학계에 보고한 사람들이다. 이들은 프레온 가스가 불활성이기 때문에 자연계에 배출되면 대부분 분해되지 않고 성층권에 도달하며, 이곳에서 연쇄반응을 일으켜 한 분자의 프레온 가스가 수천 분자의 오존과 반응해 오존층을 파괴할 것이라고 했다. 그 후 실제로 남극 상공에서 오존층이 파괴되고 있는 것이 발견되어, 지구환경 보호에 관한 논의가 본격적으로 시작되었다.

이들은 염화불화탄소(CFC) 등 인공화합물에 의한 오존층 파괴과정을 규명하고, 프레온 가스에 대한 국제적 규제를 이끌어 낸 공로로 1995년 노벨화학상을 수상했다.

셔우드 롤런드는 1965년부터 현재까지 캘리포니아 대학교(어바인 캠퍼스)교수로 재직하고 있으며, 1978년 미국 국립과학 아카데미 회원으로 선출되었다.

마리오 몰리나는 셔우드 롤런드 교수의 실험실에서 박사후 연구원으로 재직하면서 1974년 '프레온 가스-오존 결핍이론'을 공동 발표했다. 현재 MIT공대 교수로 재직하고 있으며, 1978년 국립과학 아카데미 회원으로 선출되었다.

뜻밖의 자원, 폐기물을 활용하자

인구가 증가하고 산업활동이 활발해지면서, 많은 양의 폐기물이 발생하고 있다. 폐기물이란 사람이 더 이상 필요하지 않게 된 물질들로, 우리가 흔히 쓰레기라 부르는 것들이 여기에 속한다.

폐기물의 조성과 발생원

폐기물은 고체, 액체, 기체와 같이 모든 형태의 버려지는 것을 말하는데, 액체는 폐수, 기체는 폐가스 등으로 불리기 때문에 일반적으로 폐기물이라 함은 고체 형태로 버려지는 것을 의미한다. 폐기물의 구성 성분과 처리과정 그리고 매립에 대하여 살펴보자.

산업체에서 발생하는 폐기물은 산업의 종류에 따라 구성물질이 크게 달라진다. 또한 산업폐기물은 구성물질에 따라 관리방법이 크게 다르고, 생활폐기물도 국민들의 생활 관습에 따라 조성 성분이 다르다. 여기서는 우리나라에서 일반적으로 배출하는 생활폐기물에 대하여 설명하고자 한다.

우리나라의 전체 폐기물은 매년 증가
하고 있으며 특히 건설 현장에서 발
생하는 폐기물이 빠르게 증가하고
있다. 전체 폐기물 중 생활폐기물은
약 20% 정도를 차지하고 있고, 나머
지는 산업체나 건축 현장에서 발생
하고 있다.

2002년을 기준으로 종이 상자와 플라스틱 포장재, 유리병, 금속 캔과
같이 재활용이 가능한 것을 제외했을 때, 일상생활에서 발생하는 생
활폐기물의 경우 음식물 쓰레기가 전체의 1/3로 가장 많은 양을 차지
한다. 다음으로 종이와 나무 등이 그 뒤를 차지하고 있으며 생활폐기
물의 85%가 소각이 가능한 가연성 물질로 구성되어 있다.

폐기물 처리와 처분

생활에서 발생하는 폐기물은 재활용이 가능한 것은 분리수거하고, 가
연성인 것은 소각장으로, 불연성인 것은 매립장으로 운반한다. 이때
운반과 취급이 쉽도록 압축을 통하여 부피를 줄이는 과정을 추가하기
도 한다.

소각 과정에서 발생하는 열은 난방에너지로 사용하며, 남은 재는 다
시 매립장으로 운반하여 처리한다. 매립 대신 해양투기로 최종 처리

지구를 지키기 위한
환경공학의 무한도전

를 하기도 한다. 하수처리장에서 발생하는 슬러지나 준설토와 같은 것은 이 방법을 이용하기도 하지만 해양오염으로 인하여 규제가 점점 강화되고 있다.

폐기물을 관리하는 기본원리는 일반적으로 3R(Reduce, Reuse, Recycle)로 표현한다. 먼저 폐기물의 발생량을 줄이고, 발생한 폐기물은 다시 사용하며, 재사용이 불가능하면 재순환하는 것이다. 3R의 과정을 거친 후에 이루어지는 것이 소각과 매립이다. 우리나라는 시민들의 적극적인 참여로 최근 몇년간 재활용 비율이 점점 증가하고 있다.

우리나라에서 생활폐기물을 처리하는 데 재활용 다음으로 높은 비율을 차지하는 것이 매립이다. 매립은 인간이 사용해 온 폐기물을 처리하는 방법 중 가장 오래된 것으로, 지금도 가장 널리 사용하고 있다.

과거에는 생활폐기물을 공터에 매립하고 후에 그곳을 덮어두는 것이 일반적이었다. 그러나 이러한 매립은 쓰레기가 부패하여 악취를 풍기고 병균과 해충, 설치류 등이 서식하여 여러 가지 환경문제를 야기하였다. 또한 강우 시 빗물이 부패한 쓰레기에 유입되고 유해물질을 함유한 침출수가 지하수와 토양을 오염시키게 된다.

이러한 문제점을 해결하기 위하여 시도되는 방법이 위생매립이다. 위생매립은 지하수와 토양오염을 방지하기 위하여 바닥에 물의 흐름을 차단하는 차수막을 설치하고 쓰레기와 토양을 여러 층으로 만들어 분해가 용이하고 가스 배출이 쉽게 일어나도록 파이프를 연결해 준다. 또한 매립이 끝난 후 강우의 침투를 막기 위하여 차수막을 덮어둔다.

이러한 위생매립은 악취, 병균, 그리고 지하수 오염 등으로부터 비교적 안전하다.

위생매립 방법

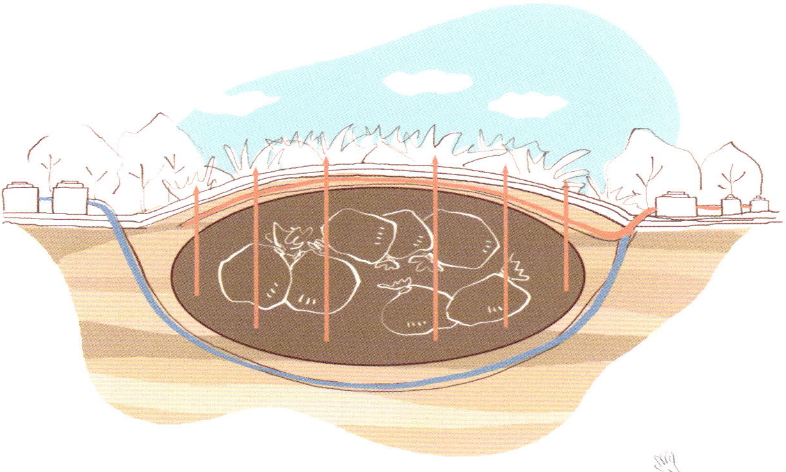

지식박스

세계 환경 영웅사전 ⑤
노벨상 수상의 얼굴, 왕가리 마타이

1940년 케냐 녜리(Nyeri)에서 태어난 왕가리 마타이는 1977년부터 아프리카 사막화를 방지하기 위한 그린벨트운동을 시작했다. 숲을 지킴으로써 사막화를 방지하고 아프리카를 가난에서 벗어나게 하려는 이 운동은 아프리카 전역에 약 3,000만 그루의 나무를 심게 했다. 마타이는 '자연을 회복시켜 인간의 미래를 일구자'라며 이 운동을 제창했다. 나무 심기야말로 사막화를 방지하고 식량과 땔감을 안정적으로 확보할 수 있는 방법으로 무엇보다 중요하다고 강조한다. 그녀는 이 운동을 전개하면서 독재정권의 개발 계획과 충돌하여, 수차례 감금되는 어려움을 겪었다. 그러나 계속되는 정권의 억압에도 불구하고 소신을 굽히지 않았고, 그런 그녀에게 1991년 환경 부문의 노벨상으로 불리는 '골드먼 환경상' 수상의 영광이 돌아갔다. 그녀는 국제적인 주목을 받기 시작했으며 국제환경상인 '소피상'도 받았다. 또한 2004년 왕가리 마타이는 지속가능한 발전, 민주주의, 그리고 평화에 기여한 공로로 아프리카 여성으로는 처음으로 노벨 평화상을 수상했다.

지구 생명의 모태, 바다를 지켜라

놀라운 능력을 가진 신비한 바다의 세계

지구는 태양계에서 유일하게 바다를 가진 별이다. 지구에서 처음으로 생명이 시작된 곳이 바다이며, 지금도 수많은 생명체가 살아가고 있다. 바다는 곧 지구 생명의 모태인 것이다.

우리나라는 국토의 3면이 바다이고, 그 크기는 육지의 4.5배나 된다. 특히, 우리의 바다는 한류와 난류가 교차하고 대륙붕과 굴곡 심한 해안선이 발달되어 있어, 다양하고 풍부한 생물이 서식하는 세계에서 보기 드문 자원의 보고로 인정받아 왔다. 또한, 세계 5대 갯벌이 우리의 바다에 있다는 사실은 그 가치를 더욱 높여주고 있다.

바다의 환경문제에 대해 공부하기에 앞서, 지구 생태계에서 바다가 얼마나 중요한지 그리고 바다에서 어떠한 현상들이 일어나고 있는지 알아보자.

바다는 지구 표면의 71%를 차지하며, 지구 물의 97%를 보유하고 있

다. 그래서 지구에 도달한 태양 에너지의 많은 양이 바다에 저장되고 재분배된다. 바다의 이러한 역할 때문에 지구는 생명이 살아가기에 적합한 온도를 유지할 수 있는 것이다.

태양에너지는 바다와 육지에서 많은 물을 대기로 증발시킨다. 그리고 증발된 물은 강우현상을 통하여 다시 바다와 육지로 내려온다. 이 과정에서 바다는 증발량이 강우량보다 많고, 육지는 강우량이 증발량보다 많게 된다. 그리고 그 차이만큼의 물이 하천과 지하수를 통하여 바다로 흘러가 부족한 양을 보충해 준다. 바다와 육지 사이에서 일어나는 이러한 물 순환과정을 통하여 바다는 육지에서 흘러온 노폐물을

재미박스

숫자로 알아보는 우리 바다 이야기

1만1,914 해안선의 길이
3,170 우리나라의 섬의 개수
12 세계 수산물 생산량 순위
8 세계 선박 보유량 순위
1 우리나라 조선 산업 세계 순위

정화하고, 기상현상을 통하여 맑은 물을 육지로 공급하는 것이다. 또한 바다는 대기와 접촉하면서 적당한 수분을 가진 깨끗한 공기를 만들어 준다.

바다에는 조석현상이라는 독특한 물의 흐름이 있다. 이것은 지구와 달 그리고 태양이 만들어 내는 인력에 의해 바닷물이 이동하는 현상이다. 적도와 극지방 등에 위치한 지역에 따라 다소 차이가 있지만, 한반도와 같이 중위도 지방에서는 하루에 두 번씩 밀물과 썰물이 나타난다. 그리고 해안에서는 밀물에는 바닷물에 잠겼다가 썰물에는 다시 육지가 되는 조간대(갯벌)가 나타난다. 조석현상으로 발생하는 바닷물의 흐름을 조류라 한다. 물이 가득 찼을 때를 만조, 물이 빠졌을 때를 간조라 하는데, 이것은 위도와 지형에 따라 정도를 달리한다.

우리나라 서해안은 조석현상이 크게 나타나는 곳으로 조류가 매우 빠르며, 만조와 간조의 수위 차(조차)도 크다. 서해안에는 세계에서 보기 드문 넓은 갯벌이 형성되어 있는데, 이곳에는 매우 다양한 생물들이 살아가고 있다. 조석현상은 갯벌과 같은 독특한 생태계를 만들 뿐만 아니라, 육지에서 유입되는 오염물질을 바다로 보내 희석시키는 중요한 역할도 한다.

세계 5대 갯벌은 남미 아마존 하구, 미국 동부 연안, 유럽 북해 연안, 캐나다 남동부 연안, 그리고 우리나라 서해안이다!

바다의 구조와 생태계

바다는 크게 육지 가까이에 있고 수심이 얕은 천해대와 육지에서 멀고 수심이 깊은 대양대로 구분된다. 천해대는 대륙붕으로 보통 수심이 200m 이내인 해역을 말하며, 그중에서 하천이 유입되는 곳을 하구 그리고 조석간만에 의해 육지와 바다를 반복하고 있는 곳을 조간대로 구분한다.

바다는 담수혼합 정도, 조석현상, 수심 등에 의해 하구, 조간대, 천해대, 대양대 등으로 구분되며, 이들은 각각 다른 생태계 특성을 갖는다. 하구는 바닷물이 담수와 혼합되고 조석현상이 나타나기 때문에 하루 동안 온도와 염분도 그리고 수질 변화가 심하다. 하구는 하천을 통하여 영양물질을 활발히 공급받고 수심이 비교적 얕아 빛의 투과가 용이하기 때문에 식물성 플랑크톤이 잘 자라며 생물 다양도도 매우 높다. 또한 하천에서 공급되는 물질이 이곳에서 퇴적고 재부유를 반복하며, 바닥에도 많은 생물들이 서식한다. 어류의 산란 장소와 유생기 서식처로 자주 이용된다. 그래서 하구 생태계는 어업 생산성을 위하여 매우 중요한 곳이다. 반면 하구는 수자원 공급, 원활한 교통, 하수처리와 물류 유통 등에 많은 이점이 있어 대부분 도시와 산업단지, 항만 등으로 개발되었고, 매립과 하구언(하구에 만들어진 제방) 건설 등으로 비교적 많이 훼손되었다.

조간대는 조석현상에 따라 육상 생태계와 해양 생태계가 반복되는 곳으로 생물다양도가 매우 높다. 육지로부터 항상 영양물질이 공급되고 빛의 투과가 잘 일어나기 때문에 생산성이 높다. 또한 파도와 조류 등으로 인해 바닷물이 항상 순환되며, 유기물과 용존산소도 풍부하다. 조간대는 어패류가 많이 생산되는 곳이며, 철새 도래지로도 가치가 매우 높다. 그러나 조간대는 육지에 인접해 있기 때문에 오염과 파괴가 쉽게 일어나고 있다. 해안도시와 산업단지, 위락단지 등으로 개발되고 있으며, 이러한 개발 때문에 많은 오염물질이 유입되고 있다. 특히 우리나라와 일본, 네덜란드 등과 같이 땅이 부족한 국가에서는 조간대를 매립하는 간척사업을 활발하게 진행한다. 우리나라 서해안 지역의 넓은 평야는 대부분 조간대를 간척한 것이다. 방조제 공사로 바닷물을 차단하고 농경지로 만들어서 이용하고 있다.

천해대는 지구 바다 전체 표면적의 10%에 불과하지만 세계 어획고의 99%를 차지하는 곳이다. 육지에서 가깝기 때문에 영양물질이 비교적 잘 공급되어 생산성이 높으며, 다양하고 풍부한 바다 생물이 살고 있다. 세계 모든 주요 어장이 천해대에 있다. 특히 이곳에는 수직 해류가 발생하는 용승대가 위치하고 있는데, 용승대는 풍부한 영양물질과 활발한 식물성 플랑크톤의 성장으로 세계의 황금어장이 되고 있다. 이곳은 지구 바다 표면적의 0.1%에 불과하지만 전체 어획고의 50%를 차지하는 것으로 알려져 있다.

천해대는 항만과 항로로도 활발하게 이용되고 있으며, 석유나 광물과 같은 지하자원이 매우 풍부한 곳이기도 하다. 그러나 이곳 역시 육지로부터 다량의 오염물질이 유입되고 많은 개발이 이루어져 여러 가지 환경문제가 발생하고 있다.

바다 표면적의 90%를 차지하는 대양대는 영양물질이 풍부하지 못하고 수심이 깊어 생산성이 매우 낮다. 그래서 흔히 대양대를 바다의 사막이라 부른다. 그러나 해류의 이동에 따라 일부 해역에서는 식물성 플랑크톤이 잘 자라고 다양한 생물종이 사는 바다의 오아시스가 나타나기도 한다. 대양대는 생태계의 생산성이나 다양도의 가치는 낮지만, 태양에너지와 지구의 물을 저장하는 매우 중요한 역할을 한다. 태풍의 발생과 소멸, 엘리뇨 현상, 기후변화 조절 등이 바로 대양대에서 이루어진다. 또한 대기의 이산화탄소를 용해하여 지구 온난화를 방지하는 것도 대양대의 중요한 역할 중 하나이다. 대양대는 가장 맑은 수질을 유지하고 있으며, 환경문제에 가장 적게 노출된 곳이기도 하다. 그러나 육지에서 배출된 대기오염물질이 대양대에 떨어지거나 해류에 의해 천해대의 물질이 대양대로 이동하기도 한다.

바다의 환경문제

바다 오염의 가장 큰 원인은 육지에서 버려지는 오염물질과 쓰레기이다. 하천을 따라 바다로 들어오는 유기물은 바다를 쿠패시키고, 영양

물질은 검붉은 적조로 나타난다. 중금속이
나 유독성 화학물질은 바다 생태계의 먹이
연쇄를 따라 생물체에 농축되고, 결국 인간
에게 되돌아온다.

대기를 오염시키는 질소산화물과 황산화물, 이
산화탄소, 먼지, 탄화수소, 각종 유해물질도 바닷
물로 들어간다. 특히, 적조의 원인이 되는 질소산화물은 많은 부분이
대기에서 유입되는 것으로 추산되고 있다.

선박에서 버려지는 폐수와 쓰레기 그리고 사고로 유출되는 기름도 바
다오염의 주요 원인이 되고 있으며, 해안의 양식장에 뿌려지는 사료
와 어장관리에서 나오는 쓰레기도 바다를 죽이고 있다. 그 외에도 항
만과 항로 개발을 위한 준설과 조간대 매립 그리고 육지에서 발생한
쓰레기의 해양투기 등도 주요한 바다 오염원이다.

식물성 플랑크톤이 일시에 폭발적으로 번식하여 바닷물이 핏빛으로
변하는 현상인 적조 역시 바다의 오염원이다. 적조현상이 나타나면
바닷물에 녹아 있는 산소는 급격히 감소할 뿐만 아니라 황화수소, 암
모니아 등 유해물질이 발생하여 부근 해역에 서식하는 어패류가 떼죽
음을 당하게 된다.

적조는 바닷물에 인이나 질소 등 식물 성장에 필요한 영양분이 풍부
하며, 일사량이 많고 수온이 높을 때 발생한다. 특히 바닷물이 정체되
어 있는 폐쇄성 내만 해역은 적조 발생에 좋은 조건을 제공한다. 우리

나라 남해안은 이러한 조건을 잘 갖추고 있어, 적조는 매년 반복되는 연례행사가 되어버렸다.

육지에서 배출되는 생활하수는 적조생물에 좋은 영양분이 되고 있다. 또한 우리나라 연안에 빽빽이 들어선 양식장에서 발생하는 배설물과 여기에 뿌려지는 사료도 적조의 원인이 된다. 농경지에서 뿌려지는 비료도 빗물에 씻겨 바다로 흘러가 적조를 일으킨다.

기름 유출로 인한 바다 오염은 현재 세계 도처에서 발생하고 있으며 발생률도 매년 증가하고 있다. 세계적으로 매년 1,000여 건의 크고 작은 기름 유출 사고가 발생하고 있고, 약 100만 톤 정도의 원유가 유조선 사고나 선박 운송 과정에서 바다로 유출된다.

강우 시 육상에서 유출되는 것과 기름 보관 탱크나 유전으로부터 유출되는 것 등을 합하면 매년 300만 톤에서 600만 톤 정도가 바다로 들어간다고 한다. 바다로 유입된 기름 중 일부는 대기로 증발하거나 수중에서 분해되지만, 많은 양은 바다 밑이나 해안에 침적되어 오랜 기간 동안 잔류하게 되고, 이로 인해 파괴된 생태계는 다시 회복되기까지 수십 년이 걸린다.

석유는 현재 지구에서 사용하는 총 에너지의 40%를 공급하고 있는 우리의 생활과 산업에 없어서는 안 될 소중한 자원이다. 그러나 석유는 우리가 살아가는 데 필요한 모든 환경 개체의 주요한 오염원이 된다. 그중에서도 바다의 기름 유출 사고는 가장 심각한 환경 파괴 현상이다. 육지 가까이에서 사고가 일어났을 때는 신속한 대처를 통해 기름 유출에 따른 피해를 크게 줄일 수 있지만, 대부분 해양 유류 방제 체계를 갖추고 있지 않기 때문에 엄청난 피해를 당하게 된다.

바다를 죽음으로 몰아가는 또 하나의 원인은 바로 쓰레기이다. 바다 쓰레기는 하천을 통하여 육지에서 유입되거나 해안이나 해상활동으로 인해 발생한다. 양식장, 해수욕장, 선박 등에서 버려지는 플라스틱, 스티로폼, 폐어망, 비닐봉투, 고철, 타이어 등 수많은 종류의 쓰레기가 조류나 해류를 타고 바다 위를 떠다니거나 해변이나 바닥에 쌓인다.

우리나라는 연간 약 25만 톤가량의 바다 쓰레기가 발생하는 것으로 추산하고 있다. 이 중에서 바다 위에 떠다니는 쓰레기도 문제이지만, 바닥에 가라앉아 보이지 않는 쓰레기는 수거가 어려워 더욱 심각한 문제이다. 바다 쓰레기는 수질을 악화시키고 생태계를 파괴한다. 또한, 어족 자원을 고갈시키고 어로활동을 방해하며, 바다 경관을 훼손하여 관광과 위락 산업을 위축시킨다. 바다 쓰레기는 또한 해상안전을 위협하기도 한다. 현재 우리나라 해양 사고의 10%가 쓰레기가 원인인 것으로 추정되고 있다.

이러한 바다 쓰레기를 없애기 위해서는 어떻게 해야 할까? 현재 불법 투기 단속을 강화하고, 항구나 주요 발생지역에 차단막을 설치하고 있다. 또한, 쓰레기 수거 선박을 이용하여 정기적으로 바다 청소를 실시하고 있다. 하지만 무엇보다 가장 우선시되어야 할 사항은 쓰레기를 버리지 않는 것이다.

바다는 세계에서 가장 큰 공공자원 중 하나이다. 바다는 모든 사람들의 것인 동시에 어느 누구의 것도 아니다. 그래서 바다의 물고기를 마음대로 얻을 수 있는 공유재산으로 간주하였다. 사람들은 어획량을 최대화하기 위해 열중하였고, 그 결과 어족 자원은 고갈되었다. 이제 남획은 또 하나의 바다 환경문제가 되었다. 오염과 더불어 바다 생태계를 파괴하여 죽음으로 몰아넣고 있다. 그리고 그 피해는 결국 우리에게 돌아오고 있다.

세계 환경 영웅사전 ⑥
환경운동가 앨 고어

미국 부통령으로 우리에게 알려진 앨 고어는 1948년 워싱턴에서 태어나 하버드 대학교와 밴더빌트 대학교 로스쿨을 졸업하였다. 대학 졸업 후 베트남 전쟁에 참전하고 돌아와 고향 테네시에서 지방신문사의 기자로 일하다 하원의원에 당선되면서 정계에 진출했다. 1984년에는 상원의원이 되었고, 1992년에는 부통령에 당선되어 2000년까지 8년간 재임하였다.

정계에 24년 동안 있으면서 앨 고어는 환경 분야에서 활발한 의정활동을 펼쳤다. 하원의원 시절에는 미국 의회 역사상 최초로 환경청문회를 개최하였고, 상원의원과 부통령 시절에는 1992년 리우회의와 1997년 교토협약 등 주요 국제환경회의를 주도했다. 그리고 2000년 대선에서 낙선하자 앨 고어는 세계적인 환경운동가로 변신했다.

세계 각국을 돌면서 지구의 환경위기에 관해 1,000여 회의 무료 강연을 하였고, 그 내용을 〈불편한 진실〉이라는 책으로 출판하였다. 또한, 강연과 영상자료를 동명의 다큐멘터리 영화로 제작하여 2007년 2월 아카데미상을 수상하였다. 고어는 지구 온난화의 심각성을 전 세계에 알리고 문제해결을 촉구하는 데 기여한 공로로 UN정부간기후변화위원회(IPCC)와 공동으로 2007년 노벨 평화상을 수상하였다.

나 경감의 사건일지
환경오염 주범을 잡아라!

#7. 검은 재앙, 아모코 카디즈 사건

1978년 3월 16일 미국 아모코 석유회사 소유의 22만 톤급 유조선 아모코 카디즈 호가 160만 배럴의 중동산 원유를 가득 싣고 항해하던 중 프랑스 브리태니 포트샬 연안에서 암초와 충돌하였다. 충돌 사건은 선장의 실수로 밝혀졌다. 이 사건을 지켜본 나 경감은 즉시 구조 대책이 취해지지 않아 많은 피해를 얻었다며 안타까워했다. 침몰하는 선박을 구하기 위한 예인선을 빌리는 계약조건을 협상하는 데 많은 시간을 보냄으로써 결국 구조에 실패한 것이다. 아모코 카디즈 유조선은 160만 배럴의 원유를 바다에 토해내며 서서히 침몰하였다.

이 사고로 인하여 200km의 프랑스 해안이 짙은 원유 띠로 뒤덮였고, 굴 수확량의 80%가 줄고, 해조류 70%가 파괴되었다. 또한 수천 마리의 갈매기와 바다오리, 물새가 죽었으며 조개, 성게 등 해안의 모든 생물들이 전멸하였다. 물론 아름다운 프랑스 해안 관광지는 악취가 진동하는 기름 범벅으로 변하여 황폐화되었다.

죽어가는 프랑스 해안을 구하기 위하여 프랑스 군인과 젊은이들이 동원되어 짙게 덮인 원유를 수거하였으나 원래대로 회복되기에는 아직도 많은 시간이 필요하다. 이 사고로 인해 입은 피해액을 살펴보면 연안 어업 손실 4,600만 달러, 관광수입 손실 1억

9,200만 달러, 정화사업에 든 비용 1억 4,200만 달러로 총 3억 9,000만 달러에 달하였다. 이 사고는 엄청난 피해를 수반한 세계 최대 규모의 유류오염사고 중의 하나로 기록되었다.

유조선 유출로 인한 해양오염은 세계 도처에서 발생하고 있으며 매년 증가하고 있다. 아모코 카디즈 호와 비슷한 규모의 대형사고도 지금까지 많이 일어났다. 1989년 3월 24일, 미국 알래스카의 프린스윌리엄 사운드 지역에서 발생한 엑슨 발데즈 호의 좌초사건은 미국에서 일어난 원유 유출사고 중 가장 피해가 컸던 사건이었다. 알래스카의 프린스 윌리엄 사운드지역은 야생동식물이 가장 풍부한 곳으로 어획량 또한 많은 지역이다. 이 사고로 3만 8,005톤 이상의 원유가 유출되었으며, 적어도 980마리의 해달과 146마리의 흰머리수리 그리고 3만 3,100마리의 새들이 죽게 되었다. 이 사고 역시 발생 직후 사고의 신속한 처리가 이루어지지 않아 유출된 기름을 정화하는 데 약 8억 4,300만 달러의 비용이 소요되었다.

#8. 라인 강의 죽음, 바젤 사건

1986년 11월 1일 스위스의 바젤에 위치한 한 창고에서 화재 사건이 발생하였다. 이 화재 사건은 5,000만의 젖줄이며 유럽 산업의 중심인 라인 강을 하루아침에 죽음의 강으로 바꾸어 놓았다. 아침 일찍 화재 현

장에 도착한 나 경감은 주변 현장을 조사하기 시작했다.

화재가 난 창고는 의약품, 화학물질, 농약 등을 제조 판매하는 스위스의 다국적 기업 산도스사의 화학물질 저장 창고로, 90여 종 1,300톤의 화학물질이 보관되어 있었다. 보관된 물질의 대부분이 독성이 아주 강한 살충제와 살균제 그리고 연료 등이었고 1.9톤에 달하는 유독성 중금속 수은도 함유되어 있었다.

현장 조사를 마친 나 경감은 라인 강을 따라 걸으며 사건을 정리해 보았다. 스위스에서 발원하여 프랑스, 독일을 거쳐 북구 해안으로 흘러들어가는 라인 강은 지금까지 유럽 산업의 중추가 되었다. 일찍이 영국의 테임즈 강을 중심으로 시작된 유럽의 산업혁명은 20세기 초에는 라인 강을 중심으로 꽃을 피웠고 여기에서 국력을 키워온 독일이 기폭제가 되어 세계는 두 차례의 대전을 치르게 되었다. 라인 강의 유역 면적은 총 20만㎢에 불과하지만 이곳에 5,000만 인구가 살아가고 있다. 또한 스위스, 프랑스, 독일 외에도 네덜란드, 룩셈부르크, 벨기에와 오스트리아 일부 지역까지 포함하여 총 7개국이 위치하고 있으며, 강 연안에는 현재 세계 화학공장의 10~20%가 들어서 있고 제철, 제련산업 등 수많은 공장들

재난보고

이 밀집되어 있다. 그런데 이곳에서 화재가 발생한 것이다!

바젤 시에는 산도스사 외에도 여러 종류의 화학물질 제조회사들이 있기 때문에 화재가 발생할 경우 특별한 진화작업이 필요했다. 그래서 이를 위한 교육과 훈련을 받은 몇몇 특수 소방관들이 근무하고 있었다. 이번 화재 진압에 참여한 소방관 존(31)은 "공교롭게도 이날은 특수 소방관 누구도 진화 작업에 참여할 수 없었어요. 그래서 진화 작업은 일반화재와 동일하게 진행되었지요."라며 그날을 회상했다.

소방관들은 다량의 물을 사용하였고, 창고에 보관되어 있던 유독성 화학물질들은 물과 함께 곧바로 라인 강으로 흘러 들어갔다. 그리고 부근 토양과 지하수로 스며들어 오염시켰고 화재 시 발생한 유독한 연기는 사람과 주변 생물에 큰 피해를 유발하였다.

이 사고로 라인 강에 서식하던 수중생물은 떼죽음을 당하였고 사고 지점 하류 400㎞에 해당하는 하천 구간의 저서생물은 완전히 사라져 버렸다. 또한, 50만 마리의 물고기가 떼죽음을 당하게 되었다. 정화 노력으로 많이 회복되긴 하였지만 아직도 하천 퇴적물에는 이때 유출된 유해화학물질이 검출되고 있다. 이 사고로 인한 피해액은 400억 달러로 추정된다. 원래의 라인 강의 모습으로 회복하기는 지금으로서는 불가능하며 매우 오랜 시간이 필요할 것이다.

결코 우연한 일로 취급될 수 없는 이 사건은 우리에게 여러 가지 문제점을 시사해 준다. 사건 발생 직후 관리 당국에서 화재 발표와 신속한 대처가 이루어지지 않아 하류 지역 프랑스와 독일 그리고 네덜란드에서는 용수 공급에 많은 어려움이 있었다.

게다가 사고 시 인접 라인 강에 미칠 재해에 대한 사전 대책을 아무것도 세우지 않았기 때문에 그 피해가 광범위하게 확산되고 지속적으로 이어졌다.

이 사건으로 인해 스위스는 엄청난 경제적 손실을 입었음은 물론 인접 국가들로부터의 많은 지탄을 면치 못하였다. 이 사건 이후 산도스사는 피해 당사국인 독일, 프랑스, 네덜란드 등에 우리나라 돈으로 600억 원에 해당하는 1억 스위스 프랑을 피해 보상금으로 지불하며 사건을 마무리하였다.

#9. 유해폐기물의 불법 반입, 코코투기 사건

얼마전 나 경감은 한 통의 전화를 받았다. 자신을 코코 지역 주변에 사는 주민이라 소개한 J는 마을이 죽어가고 있으니 제발 사건의 진상을 밝혀달라며 호소하였다. 범상치 않은 기운을 느낀 나 경감은 신속히 사건을 파헤치기 시작했다.

먼저 코코 지역을 살펴보기로 했다. 역시나 식

수가 오염되고 유독성 가스가 대기로 이동하여 코코 지역 주변에 사는 주민들은 각종 질병에 시달리고 있었다. 범인은 쉽게 잡혔다. 아프리카 나이지리아에 있는 건설 회사에서 일하던 이탈리아인 A씨(28)가 나이지리아인 B씨(25)와 공모하여 유해폐기물을 이탈리아에서 나이지리아로 불법 반입한 것이다. 이들은 1987년 8월부터 1988년 5월까지 총 5회에 걸쳐서 이탈리아로부터 3,884만 톤에 달하는 유해폐기물을 화학제품으로 위장 반입하여 나이지리아 벤델주 코코항에 방치하였다고 순순히 자백하였다.

피해의 원인이 타국의 산업쓰레기라는 것이 밝혀지자 나이지리아 정부는 이탈리아의 비양심적인 행위를 국제사회에 호소하였다. 나이지리아 정부의 강력한 대응 때문에 유해폐기물은 국외로 추방되었고 폐기물을 실은 선박은 1988년 7월부터 8월까지 바다 위를 떠돌게 되었다. 스페인에서 프랑스, 벨기에, 네덜란드 등으로 입항하려 하였으나 어느 국가도 입항을 허용하지 않았다. 결국 이 폐기물은 국제 여론과 수차례에 걸친 나이지리아 정부의 외교 교섭에 힘입어 다시 이탈리아로 되돌아가게 되었다. 나이지리아 정부도 오염된 곳을 정화하고 환자를 치료하는 데 100만 달러 이상을 소모하였다.

당시 아프리카의 많은 나라들이 외화를 벌어들이기 위하여 선진국의 유해폐기물을 수입하고 있었다. 통계자료에 따르면 1985년 한 해 동안

유럽 국경을 이동한 유해폐기물이 약 300만 톤에 달한다고 한다. 또한 미국이나 일본도 많은 양의 산업쓰레기를 해외로 보내고 있었다. 그러나 이 사건을 계기로 나이지리아는 아프리카 여러 나라를 계몽하게 되었고 국토와 국민을 환경오염과 파괴로부터 보호하기 위하여 타국의 산업폐기물 수입을 삼갈 것을 호소하였다. 그리고 선진국은 자국의 이익을 위하여 이러한 수출을 중단할 것을 촉구하였다. 선진공업국에서는 유해폐기물 처리와 처분에 관한 법적 규제가 엄격한 반면 개발도상국은 법적제도가 극히 미약했기 때문에 선진국의 유해폐기물이 후진국으로 반입될 수 있었다.

유해폐기물을 받아들이는 후진국에서는 법적규제뿐만 아니라 이것이 갖는 위해성에 관한 지식이나 관리 기술도 전무하였다. 따라서 유해폐기물이 갖는 위험성은 생산한 국가에서보다 받아들인 후진국에서 엄청나게 증가했다. 실제로 코코 지역에 사는 나아지리아인들은 유해폐기물이 무엇인지도 모르고 살아왔기 때문에 방치된 폐기물을 제거하는 일에 동원된 현지인들은 많은 피해를 입었다.

제거작업을 하던 150여 명의 인부들이 폐기물에서 유출된 유독성 화학물질로 인하여 구역질과 객혈 그리고 마비 증상을 나타내었고 화상을 입고 혼수 상태에 빠져 병원에 입원하게 되었다. 코코투기 사건이라 불리는 이 사건은 처음으로 유해폐기물이 국제 문제화된 사건이다.

재난보고

이 사건이 계기가 되어, 사건 발생 다음 해인 1989년 3월 22일에는 스위스 바젤에서 유해폐기물의 국가 간 이동을 규제하기 위한 국제협약을 채택하게 되었다. '바젤협약'이라 불리는 이 국제협약은 유해폐기물의 국제 무역과 국경 투기 등을 철저히 규제하고 있다.

지구를 지키기 위한
환경공학의 무한도전

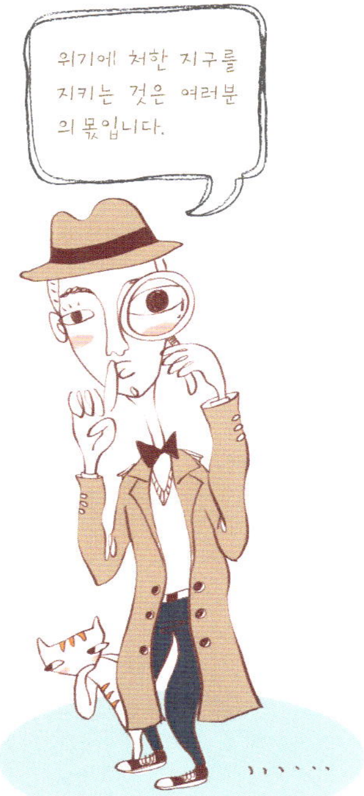
위기에 처한 지구를 지키는 것은 여러분의 몫입니다.

환경공학의
미래를 상상하다

21세기 과제
EEWS의 해결책, 환경공학

환경공학은 지난 몇십 년간 전문가를 양성하고 기술을 개발하여 수많은 환경문제를 해결해 왔다. 특히, 환경을 최우선하는 부유한 선진국을 중심으로 괄목할 만한 성과를 거두었다. 대기정화 기술과 폐수 처리 기술의 발달로 선진 대도시의 대기는 과거보다 맑아졌고, 하천이나 호수의 수질도 개선되었다. 폐기물 처리, 토양정화, 생태계 복원 등 다양한 환경 기술들이 발전을 거듭하여 쾌적한 환경을 조성하는 데 지금까지 크게 기여했다.

우리나라도 예외는 아니다. 환경 기술의 발달로 한강, 낙동강, 금강, 영산강 등 주요 4대 강의 수질이 지난 1990년대 후반을 기점으로 개선되고 있으며, 대도시의 일부 대기오염 수준은 점점 나아지고 있다. 또한 아스팔트와 콘크리트에 갇혀 신음하던 도심 하천이 친환경 생태 공간으로 탈바꿈하는가 하면 오염과 파괴로 피폐해진 국토의 곳곳이 생명이 숨 쉬는 곳으로 되살아나고 있다.

환경공학의
미래를 상상하다

그러나 지구 전반에 걸쳐 환경위기는 계속 심화되고 있다. UN은 지구 온난화가 점점 가속화되고 있으며 이로 인해 금세기 안에 인류는 해수면 상승, 물 부족 심화, 생물 멸종, 해충 창궐, 전염병 확산, 폭염, 홍수, 가뭄 등 심각한 재해를 겪을 것이라는 경고를 여러 차례 반복하고 있다. 또한 사막화, 산성비, 오존층 파괴와 같은 지구환경문제도 그 정도를 더해가고 있으며 바다의 환경문제도 개선되지 않고 있다. UN을 중심으로 세계 각국이 위기에 처한 지구를 구하려고 다양한 노력을 시도하고 있지만 괄목할 만한 효과는 나타나지 않는 것이 지금의 현실이다.

우리가 해결해야 할 문제는 산재해 있다. 전국 대부분의 하천 수질은 아직도 만족할 만한 수준에 도달하지 못하고 있으며, 도시 대기의 광화학 스모그나 미세먼지 등은 심각한 수준에 이른다. 또한 황사와 물 부족 현상은 매년 심화되고 있으며 수돗물 불신은 전국에 팽배해 있다. 뿐만 아니라 매년 새로운 환경문제가 발생하여 국민들을 불안하게 하고 있으며 중국의 급격한 산업화는 한반도에 산성비를 비롯한 각종 유해 대기오염물질을 몰고 오며 서해바다를 위협하고 있다.

환경공학은 짧은 기간 동안 많은 발전을 거듭해왔고 문제해결에 크게 기여했지만, 이미 산재해 있거나 새롭게 등장하는 환경문제를 해결하려면 여

전혀 갈 길이 멀다. 또한 사람은 부유해질수록 자신의 건강과 쾌적한 환경 그리고 자연의 아름다움에 더욱 민감해지기 때문에 경제성장은 곧 더 많은 환경전문가와 환경 기술의 발달을 필요로 할 것이다. 뿐만 아니라 환경 기술은 문제해결에만 그치는 것이 아니라 국부를 창출하는 새로운 성장 동력으로서의 역할을 해야 할 것이다.

이러한 여건은 환경공학의 수요가 지금보다 미래에 더욱 크게 늘어날 전망을 가능하게 한다. 우리나라 대표적인 석학 중 한 분인 한국과학기술원(KAIST) 서남표 총장은 지난 2008년 2월에 개최된 입학식에서 21세기 인류가 해결해야 할 과제를 EEWS(Energy, Environment, Water, Sustainability)라고 선언했다. 우리 세대는 친환경 에너지를 개발해야 하고 인류가 직면한 환경문제와 물 부족을 해결해야 하며 미래세대를 위한 지속가능성을 확보해야 한다는 것이다. 이 모든 것들이 환경공학에서 연구하는 분야이다. 이 말은 곧 환경공학이 21세기에 가장 중요하고 활발한 연구가 이루어질 학문임을 입증해 주는 것이다.

세계 대학 통신!
외국 대학의 환경공학과 들여다보기

우리나라의 많은 대학에 환경공학과들이 있듯이 미국, 일본, 유럽 등에도 대학에 환경공학 또는 관련 학과들이 있다. 다른 학문과 유사하게 환경 관련 학과들도 유명한 대학들은 대부분 미국에 있다. 그러나 독일이나 영국, 네덜란드, 일본 등에서도 오래전부터 환경 연구를 활발히 해오고 있다.

외국의 경우 환경공학과가 독립된 학과로 있는 대학도 많지만, 학문 역사가 비교적 짧고 토목공학과 관련이 많기 때문에 두 전공이 공동으로 학과(Department of Civil and Environmental Engineering)를 구성하는 경우가 많다. 미국의 스탠퍼드, MIT, 프린스턴, 코넬, 미시간(앤아버 캠퍼스), 일리노이(어바나 샴페인 캠퍼스), 캘리포니아(버클리 캠퍼스), 위스콘신(메디슨 캠퍼스) 등이 이 경우이다. 또한 캘리포니아 공대나 인디애나 대학과 같이 여러 학과의 교수들이 함께 참여하는 학과로 이루어진 곳도 있다.

여기서는 독립된 학과(플로리다, 노스캐롤라이나, 럿거스)와 토목공학과와 공동으로 구성된 학과(스탠퍼드, MIT, 캘리포니아 버클리, 프린스턴) 그리고 여러 학과가 공동으로 운영하는 프로그램(캘리포니아 공대)을 소개하고자 한다.

미국의 경우 환경공학과가 갖는 특징은 환경 관련 연구를 주로 정부가 주도하기 때문에 규모가 큰 학과를 독립적으로 운영하는 대학이 대개 주립대학이라는 점이다. 그리고 비교적 인구밀도가 높고 산업화된 도시 지역에 위치한 대학에서 활발한 환경 연구가 진행되고 있다.

1. 플로리다 대학

Department of Environmental Engineering Sciences

플로리다 대학의 환경공학과는 비교적 역사가 오래된 학과 중 하나이다. 환경문제를 해결하기 위한 지식과 기술을 배우고 적용할 수 있도록 하는 교육 방향을 가지고 과학, 분석과 설계뿐 아니라 사회와 문화 연구까지 포괄할 수 있는 교육 기회를 제공하고 있다.

대학 수준에서 정수처리, 폐수처리, 대기오염제어, 환경자원, 경제와 정책, 환경과학 분야를 가르치고 있으며, 특정 전문 분야에 집중하기보다는 폭넓은 지식을 접하도록 한다. 또한 심화된 전문 분야에 대한 공부는 대학원 과정에서 이루어질 수 있도록 하고 있다. 대학원 과정에서는 크게 대기, 생지화학 시스템, 생태계 시스템, 고형과 유해폐기물 관리, 수자원, 용수공급과 폐수 시스템, 환경나노과학 등으로 세분하여 공부할 수 있도록 하고 있다. 보다 자세한 정보는 학과 홈페이지 (http://www.ees.ufl.edu)에서 확인해 보자.

2. 노스캐롤라이나 대학

Department of Environmental Science and Engineering

노스캐롤라이나 대학의 환경공학과는 환경과학과 공학 그리고 정책에

환경공학의
미래를 상상하다

대한 연구와 교육을 제공하는 포괄적인 과정으로 미국 내에서 비교적 역사가 깊고 규모가 크다고 할 수 있다. 다양한 분야에 걸친 많은 교수들이 환경공학의 화학적, 생물학적, 물리학적 측면뿐 아니라 대기, 수질, 토양을 관리하기 위한 사회, 정치, 법적 문제까지 다루고 있다. 미국 연방환경보호청과 연구소가 인접해 있기 때문에 활발한 교류가 이루어지는 것 역시 장점이다.

학과 홈페이지(http://www.sph.unc.edu/envr)를 통해 보다 자세한 정보를 확인할 수 있다.

3. 럿거스 대학

Department of Environmental Sciences

럿거스 대학 환경과학과는 1921년에 세계 최초로 설립된 환경 관련 학과이다. 뉴저지 주는 미국에서 가장 산업화되고 인구밀도가 높은 주이며 지금까지 많은 환경문제가 발생했던 주이다. 이러한 지리적이고 역사적인 배경으로 인해 지금도 매우 활발한 연구가 이루지고 있다.

학사와 대학원 과정에서 환경과학과 공학 프로그램을 제공하며, 대학원 과정에서는 기후, 연안환경, 사회기반시설, 지역사회, 담수자원, 생태계, 인간건강 등의 활동 그룹이 있다. 또한 뉴저지 주에서 운영하는 여러 개의 교육센터와 시설(소음기술 센터, 대기 센터, 대기교육 프로그램, 환경예측 센터, 글로벌 토양 수분 데이터 은행, 바이오기술 센터 수자원 프로그램 등)들이 있어 데이터 확보와 원활한 연구를 지원하고 있다. 교수진의 연구 성과 등을 토대로 평가하는 2007년 연구대학 교수진의 생산성 지수(the Faculty Scholar Productivity Index)에서는 환경공학 분야 6위에 오르기도 했다.

자세한 정보는 학과 홈페이지(http://envsci.rutgers.edu/site/index.shtml)에서 확인가능하다.

4. 캘리포니아 공과대학
Environmental Science and Engineering Program

캘리포니아 공과대학은 화학과 화학공학 전공, 공학과 응용과학 전공, 지리와 지구과학 전공이 연합하여 환경과학과 공학 전공을 제공하고 있다. 실험과 현장 학습을 중요시하며 물, 대기, 토양, 생태계 등의 기능과 관련성에 대해 연구한다. 광화학 스모그 현상을 1951년에 세계 최초로 규명한 사람이 이 대학의 하겐 스미트 교수이다. 환경분석 센터나 고급 컴퓨터연산 연구센터와 미국연방항공우주국(NASA)의 제트 추진 실험실과 같은 여러 시설을 이용할 수 있도록 제공하고 있다. 프로그램 홈페이지(http://www.ese.caltech.edu)에서 자세한 정보를 얻을 수 있다.

5. MIT 공과대학
Department of Civil and Environmental Engineering

토목환경공학과는 1865년에 시작된 토목공학과가 1992년에 명칭을 변경하고 환경공학 분야를 확대한 것이다. 이 학과는 오래전부터 물과 환경에 대한 많은 연구를 수행해 왔으며, 특히 환경유체역학, 수문학, 수

환경공학의
미래를 상상하다

문기상학, 환경보건, 수생화학, 환경생물학, 미생물학 등을 연구하고 있다. 이 학과에 소속되어 있는 파슨 연구실은 미국에서 수준 높은 환경 연구를 해온 것으로 널리 알려져 있다. 자세한 정보는 학과 홈페이지(http://cee.mit.edu/index.pl)에서 확인할 수 있다.

6. 스탠퍼드 대학

Department of Civil and Environmental Engineering

스탠퍼드는 물, 대기에너지 그리고 실내 환경을 3개의 주요 분야로 나누어 연구를 집중하고 있다. 학부과정에서는 본인의 관심 여부에 따라 환경과 수공학에 중점을 두어 공부할 수 있으며, 대학원 과정에서는 수질공학, 수질과 대기오염, 정화와 위험물질 제어, 오염물질의 인체 노출, 환경생물공학, 환경보호 등과 관련한 화학과 생물학적 프로세스에 중점을 두고 있다. 자세한 정보는 학과 홈페이지(http://cee.stanford.edu)에서 얻을 수 있다.

7. 캘리포니아 버클리 대학

Department of Civil and Environmental Engineering

캘리포니아 버클리 대학의 환경공학 전공은 대기공학, 환경 유체역학

과 수문학, 수질공학의 분야에 중점을 두고 연구와 교육이 이루어진다. 학생들은 지구과학, 에너지와 자원, 환경과학 정책과 관리, 공중 보건 등과 같은 관련 분야에서의 연구와 수업을 통하여 폭넓은 문제해결 능력을 얻을 수 있도록 지도하고 있다. 대기과학 센터, 에너지와 자원 그룹, 보건대학, 물 센터 등과의 협력 연구도 이루어지고 있다. 이 대학 학사과정은 US. News & World Report가 선정한 2008 미국 내 같은 과 순위 1위에 선정된 바 있다. 학과 홈페이지(http://www.ce.berkeley.edu)에서 보다 자세한 정보를 제공하고 있다.

8. 프린스턴 대학

Department of Civil and Environmental Engineering

프린스턴 대학의 환경공학은 토목공학과 공동으로 구성되어 있으며, 지구과학, 화학공학, 화학, 생태 · 진화생물학, 대기 · 해양과학 등의 분야에서 우드로우 윌슨 대학 등의 교수진의 협력을 기반으로 운영되고 있다. 주요 연구 분야로는 지하수 오염과 정화, 생태수문학, 지표 · 대기간의 상호작용, 원격탐사, 도시환경, 오염된 물의 생지화학 등이다.

자세한 정보는 (http://www.princeton.edu/cee)를 통해 얻을 수 있다.

환경공학의
미래를 상상하다

미래에 나타날 새로운 환경 기술들

우리나라는 현재 환경 기술의 발전을 위해 적극적인 노력을 기울이고 있다. 지난 1995년 한국환경산업기술원을 설립하여 지금까지 많은 환경 기술을 개발하고 환경산업을 육성해왔다. 정부는 환경 기술을 정보통신, 나노, 바이오 등과 더불어 국가 6대 전략 기술로 지원을 하고 있으며 시장규모도 매년 급속히 성장하고 있다.

지금 환경공학에 입문하고자 하는 청소년들이 주도적으로 활동할 시기에는 다양한 환경 기술이 개발되어 실용화되며 환경산업의 규모가 크게 증대될 것으로 전망된다. 미래에 나타날 새로은 기술을 예측하기란 어렵지만 한 가지 확실한 것은 환경 기술이 정보통신, 바이오, 나노, 기계 등과 같은 인접 기술들과 융합되면서 발전을 거듭하게 될 것이라는 점이다. 현재 진행되고 있는 연구동향과 해결해야 할 문제들을 미루어 짐작해 볼 때 다음 몇 가지 주제에 대한 연구가 가까운 미래에 활발하게 진행될 것으로 예상된다.

친환경에너지 기술

화석연료는 지구 온난화뿐만 아니라 산성비, 광화학스모그, 오존, 미세먼지, 해양오염, 토양오염 등 수많은 환경문제의 원인이 되고 있다. 에너지 절약과 효율 향상을 도모하고, 빠른 시일 내에 실용가능한 대체에너지를 개발하여 현재 세계 에너지의 80% 이상을 차지하는 화석연료 의존도를 줄여나가는 것이 무엇보다 시급한 문제이다. 특히, 지난 2006년 교토협약이 발효되고 고유가 시대가 지속되면서 친환경에너지 기술은 이 시대 반드시 필요한 기술로 자리 잡아가고 있다.

풍력발전, 태양전지, 생물연료 그리고 수력발전 등과 같은 재생가능에너지는 지금의 기술 상태로는 환경문제로부터 완전히 자유로울 수 없다. 예를 들어, 풍력발전이나 태양전지로 원자력이나 화력발전소 하나 정도의 전력을 생산하려면 엄청난 규모의 땅이 필요하다. 바람이 많거나 강렬한 태양이 내리쬐는 산 몇 개를 깎아야 같은 양의 전력을 얻을 수 있다는 계산이다. 또한 대규모 풍력발전은 조류 보호에 문제가 되고 태양열 전지판에는 비소, 카드뮴 같은 맹독성 중금속이 들어가기 때문에 또 다른 문제를 야기할 수 있는 것이 선진국 사례에서 지적되었다.

또한 생물연료는 지구상의 물 부족을 더욱 심화시킬 것이라는 예측이 나오고 있다. 바이오디젤이나 알코올 등을 생산하기 위해서는 많은 양의 농업용수가 필요하고, 이를 확보하는 과정에서 또 다른 환경문제를 야기한다는 것이다. 재생가능에너지 중에서 가장 경제성이 있다

는 수력발전 역시 하천 생태계 단절, 안개발생, 산림 훼손 등과 같은 환경문제가 오래전부터 크게 부각되었다.

환경공학은 지금의 재생에너지 기술이 갖고 있는 환경문제를 해결하고 보다 친환경적인 에너지 기술 개발을 지원해야 한다. 또한, 지금의 재생가능에너지 기술을 대상 지역의 환경 특성에 적절하게 조화시켜 활용도를 높이고 화석연료를 대체해 나가야 하는 것이다. 가까운 미래에 유망할 것으로 보이는 재생가능에너지 기술은 태양전지, 소수력 발전, 풍력발전, 생물연료 등이다. 태양전지는 멀리 떨어져 있는 섬이나 마을에, 소수력발전은 건설적지가 있는 곳에, 풍력발전은 바람이 잘 부는 곳에 그리고 생물연료는 지속적이고 충분한 생물자원이 있는 곳에 적합하다. 재생가능에너지는 작은 섬이나 사막, 강의 삼각주, 고산지대 등 송전에 취약한 곳과 같은 에너지 틈새시장을 파고들어 그 영역을 점점 확대해 나가는 것이 바람직한 전략이다.

수자원 확보 기술

오늘날 세계 각국은 물 부족을 극복하기 위하여 다양한 방법을 강구하고 있다. 댐 건설, 지하수 이용, 해수 담수화, 처리 수 재사용, 빗물 활용, 수질오염 방지, 물 절약 등 모든 수단이 동원되고 있다. 특히, 전 세계 물 사용의 가장 큰 부분(약 70%)을 차지하는 농업용수를 줄이기 위하여 물 절약형 경작 방법이 일반화되고 있으며, 최근에는 유전공학을 이용하여 적은 물을 사용하면서도 높은 수확량을 올릴 수 있는 품종 개발이 시도되고 있다.

또한 심각한 물 부족을 겪고 있는 중동을 중심으로 해수 담수화가 활발하게 이루어지고 있다. 세계 담수화의 선두주자인 사우디아라비아는 하루 540만㎥, 아랍 에미리트는 220만㎥ 그리고 쿠웨이트도 160만㎥의 바닷물을 식수로 만들고 있다. 미국도 서부해안 지역을 중심으로 하루 360만㎥의 해수를 담수화하고 있다. 그 외에도 유럽, 남미, 스페인, 북아프리카 등에서도 담수화가 이루어지고 있다. 현재 전 세계적으로 담수화 공장은 100여 개국 3,500여 곳에서 가동되고 있으며 해마다 15%의 증가율을 보이고 있다.

수자원 확보 기술은 물 절약 기술과 더불어 가까운 장래에 매우 활발한 연구가 이루어질 분야이다. 특히 해수 담수화 기술은 현재 우리나라가 상당한 수준에 도달해 있다. 중동 지역에서 이루어지는 해수 담수화는 대부분 우리나라 기술에 의한 것이며, 국내도 일부 해안도시와 섬 지방을 중심으로 해수 담수화 실용화를 검토하고 있다.

앞으로 보다 에너지 사용을 줄이고 양질의 담수를 생산하는 기술을 개발하기 위한 많은 연구가 진행될 것이고, 개발된 기술은 국내는 물론 심각한 물 부족현상이 나타나고 있는 중국이나 동남아시아 지역에 수출하는 주요한 환경산업을 창출하게 될 것이다.

에코타운 조성 기술

보다 쾌적한 도시 환경을 열망하는 시민들의 욕구는 계속될 것이며,

이는 현재 많은 도시가 직면하고 있는 대기오염, 열
섬 현상, 녹지부족, 쓰레기 등을 해결하기 위한 다
양한 환경 기술 개발로 이어질 것이다. 도시환경문
제를 가장 효과적으로 해결하는 방법은 신도시를 개
발하거나 재개발 사업을 시행할 때 환경을 최우선하
는 에코타운을 건설하는 것이다. 즉, 도시계획 단계에서 예상되는 환
경문제를 최소화 할 수 있는 기술을 개발하여 적용하는 것이다.

현재 에코타운 조성 기술 중 하나로 연구되고 있는 것은 생활용수로
부터 나오는 잡용수를 현장에서 처리하고 이것을 도로 청소나 도심
녹지의 조경수로 사용하는 기술이다. 일반적으로 가정에서 사용되는
물은 화장실 변기에 30%, 목욕이나 샤워에 35%, 세탁이나 식기 세척
에 20%, 식수나 요리에 10%, 그리고 청소 등에 5%를 차지하는 것으
로 나타나고 있다. 이중 화장실에서 배출된 오수는 하수처리장에서
복잡한 처리과정을 거쳐야 하지만 목욕이나 샤워 그리고 세탁 등에
사용된 물은 현장에서 간단한 처리만 하면 청소나 조경용수로 사용할
수 있다.

도시건설 단계에서 잡용수 재활용 시설과 도로나 공원에 스프링쿨러
를 설치하여 매일 살수하면 대기오염을 줄이는 것은 물론 울창한 도
심녹지를 조성하고, 깨끗한 물이 흐르는 하천을 만드는 등 다양한 효
과를 가져올 수 있다. 아울러 물 사용을 절약하고 하수 배출량도 줄일
수 있다. 그 외 건물의 에너지 효율을 향상시키고, 옥상녹화, 쓰레기

관로 수송과 자동 집하 등도 에코타운 조
성에 필요한 기술이다.

깨끗하고 안전한 수돗물 생산·공급 기술

지금 우리의 물 문제 중 가장 심각한 것은 전국에 만연한 수돗물 불신
이다. 많은 국민들이 수돗물을 신뢰하지 못하며, 실제로 수질, 맛, 냄
새, 색도 등에서 이상 현상을 경험하기도 한다. 전국을 대상으로 한 설
문 조사에서 70% 이상이 수돗물은 '식수로 부적합하다'고 답변했고,
수돗물을 그대로 마신다는 응답은 1~2%에 불과했다. 또한 정수기를
이용하거나 먹는 샘물을 마신다는 대답은 지난 2000년 이후 2~3배
이상 늘어나 수돗물 불신은 계속 확산되는 것으로 나타났다.

지금까지 이러한 문제를 해결하기 위하여 여러 가지 대책을 강구하고
있다. 상수원 수질관리를 위하여 엄청난 예산을 투입하고 있으며, 수
돗물 감시 행정을 효율화하며 정수시설을 정비하는 등 많은 노력을
기울이고 있다. 또한, 노후 송수관으로 인한 누수와 수질악화를 방지
하기 위하여 매년 많은 예산을 투자하여 이를 교체하고 있다.

이와 더불어 연구되고 있는 것이 취수 기술이다. 보다 깨끗한 물을 얻
기 위하여 지금과 같이 하천이나 호수의 물을 직접 끌어오는 것이 아
니라 하천 바닥이나 강변의 모래와 자갈층을 통해 자연 여과된 물을
취수하는 것이다. 우리나라와 같이 여름에 집중 강우로 많은 쓰레기
와 토사가 상수원으로 유입되는 곳에서 반드시 필요한 기술이다. 이

것은 미국이나 유럽 등에서 널리 활용되는 방법이나 대상 지역의 지층구조에 따라 기술의 적용 가능성이 달라지기 때문에 국내의 독자 기술 개발이 필요하다.

수돗물이 공급되는 과정에서 야기되는 오염을 근본적으로 해결하기 위해서는 건물의 수도꼭지를 중심으로 실시간 관리가 이루어져야 한다. 최근 나노 기술의 발달로 작은 수질감지센서 하나로 수돗물의 안전성을 확인할 수 있게 되었고, 대부분의 빌딩과 아파트 단지, 학교, 일반 주택에 이르기까지 인터넷 통신망이 연결되어 있기 때문에 실시간 관리가 가능해졌다. 건물에 유입되는 수도관과 주요 사용 지점에서 수질을 측정하여 인터넷 통신망으로 확인하고, 수돗물의 안전성을 사용자에게 공개하여 불신을 해소시킬 수 있다. 이처럼 나노 기술과 정보통신 기술을 환경 기술에 융합 적용하는 연구가 앞으로 활발하게 이루어질 전망이다.

환경관리 전산시스템과 환경정보화 기술

효율적인 환경관리와 정책수립을 위해서는 생태계, 오염원, 토양, 수질, 대기, 폐기물 등과 같은 방대한 환경자료를 과학적이고 체계적으로 관리해야 한다. 또한 이러한 자료를 바탕으로 환경의 현재 상태를 보다 정확하게 파악하고 미래를 예측할 수 있어야 한다.

최근 컴퓨터 기술의 발달과 더불어 환경자료의 체계적 관리와 미래 예측을 위한 환경관리 전산시스템이 개발되어 실용화되고 있다. 뿐만 아니라 주민들의 알 권리를 충족시키기 위해 인터넷 통신망으로 환경 자료를 제공하고 컴퓨터 그래픽으로 시각화하는 환경정보화 기술이 실용화되고 있다.

환경관리 전산시스템이나 환경정보화 기술은 국내는 물론 해외에서도 비교적 짧은 역사를 가진 기술이다. 그러나 최근 수질과 대기 등에서 총량제가 시행되면서 그 수요가 급증하고 있다. 환경관리 전산시스템은 자연계에서 일어나는 오염물질의 변화요인을 규명하고 이를 기초로 보다 정확한 환경모델을 개발하는 것을 주축으로 하고 있다. 여기에 컴퓨터그래픽과 영상분석, 데이터베이스 그리고 지리정보시스템 등 첨단 소프트웨어 기술을 접목시켜, 환경관리와 환경영향평가 그리고 환경정책 수립에 활용될 것이다. 또한 환경관리 전산시스템과 환경정보화 기술은 향후 사이버 공간에서 자연계에서 일어나는 환경 변화를 재현하고 시각적으로 표현하는 기술로 이어질 전망이다.

그 밖에도 미래의 환경공학은 생태계 복원 기술, 유해물질 처리 기술, 폐기물 관리 기술, 토양과 지하수 정화 기술 등 다양한 기술 개발과 인력 양성을 위해 노력할 것이다.

연구개발 과제

다음은 환경부 산하기관인 한국환경산업기술원에서 가까운 미래에 실용화를 염두에 두고 추진하는 연구개발 과제들이다.

환경공학의
미래를 상상하다

연구 분야	주제
맑고 안전한 공기	미세먼지오염 개선 기술 오존 및 스모그오염 개선 기술 유해대기오염물질 관리 기술
친환경 소재 · 제품	환경오염 유발물질 대체물질(소재) 개발 오염물질 제거효율향상 소재 · 제품 개발
친환경 공정	배출량 저감 최적화 기술 오염물질 제거효율향상 소재 · 제품 개발
토양 · 지하수 복원 · 관리	도시 · 산업지역 복원 · 관리 기술 불량매립지 복원 · 관리 기술 폐광산 주변지역 복원 · 관리 기술
생태계 복원 · 관리	훼손된 자연생태계 복원 기술 생태환경 이용 및 관리 기술
만족도 높은 먹는 물	정수장 효율향상 · 고도처리 기술 상하수도관망 최적 관리 기술 양질의 상수원수 확보 및 유지관리 기술
하 · 폐수처리 고도화	하 · 폐수 고도처리 및 핵심요소 기술 친환경 방류수 처리 · 관리 기술
환경친화적 폐기물 자원순환	폐기물 감량 · 재활용 · 관리 기술 폐기물 자원화 기술 유해폐기물 처리 · 처분 기술
위해성 평가 · 관리	위해성평가 관리 · 요소 기술 환경관리기술의 평가 기술
측정분석장비 · 장치	고정밀 센서 기술 환경오염 측정분석 장비 기술 원격 모니터링 기술
정온한 생활환경 조성	소음 · 진동 배출특성 및 음질평가관리 기술 소음 · 진동 방지 및 저감 기술 차음 · 방진성능 향상 기술
환경시책 효율성 제고	국제환경현안 대응 · 해결 기술 환경교육 · 홍보 기술

박 교수님의
학문 이야기

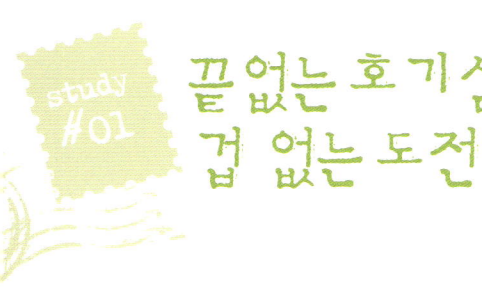

끝없는 호기심과 겁 없는 도전

나는 경북 경산에 있는 과수원집 막내 아들로 태어났다. 내가 어린 시절 살았던 과수원집은 동네로부터 멀리 떨어진 외딴 곳으로 당시에는 전화는 물론 전기도 들어오지 않았다. 걸어서 30분 정도 걸리는 마을에 있는 초등학교에 들어가면서 나는 새로운 세계를 보게 되었다. 그곳에는 읽을 책도 많이 있었고 같은 또래의 친구도 있었다. 그리고 무엇보다 그곳에는 전기가 들어와 있었다. 한 학년이 한 반 정도인 작은 시골 초등학교였지만 나에게 학교는 새로운 문명의 창구였고, 선생님은 선각자와 같은 존재였다.

중학교는 읍내에 있는 제법 큰 학교로 갔다. 먼 길을 걸어서 다녀야 했지만 중학교는 나에게 전혀 다른 세상을 보여주었다. 학교에서 보이스카웃 활동을 하면서 산이나 바닷가에 가서 야영도 하고 태권도도 배우며, 나름대로 낭만적이고 재미있는 생활을 했다. 지금까지 가까이 지내는 친구들도 이때 만났다. 고교 시절은 대학 입시 준비가 전부

박 교수님의
학문 이야기

였다. 대구 시내에 있었던 고등학교는 입학하자마자 모든 것이 대학 입시 위주였다. 한 해 몇 명을 서울대학교에 합격시키는지어 마치 학교 운명을 걸고 있는 것 같은 그런 학교였다.

고등학교 1학년을 마치고 문과와 이과로 나눌 때 나는 친한 친구들이 모두 문과로 간다기에 무작정 문과를 선택했다. 문과에서 공부하다가 3학년이 되면서 나는 좀 갈팡질팡 했다. 대학을 자연계열로 가볼까 하는 생각을 하게 되었기 때문이다. 수학이나 자연과학 분야가 더 재미있었고, 당시 고등학교 영어 교과서에 나오는 생물 전기학(Bionics: Biology + Electronics) 이야기에 많은 관심을 가지게 되었다. 지금 기억으로는 돌고래나 박쥐가 초음파를 발생시켜 먹이를 포획하고 철새가 지구자기장을 이용하여 이동하는 현상 등에 매우 심취했던 것 같다.

결국 대학은 서울대학교 자연계열로 지원했다. 당시 서울대학교는 여러 개의 학과와 대학을 모아 계열별로 입시를 치르고 2학년이 될 때 학과를 정하는 제도를 시행하고 있었다. 그리고 입학시험은 독어나 불어와 같은 제2외국어까지 포함하여 전과목을 이틀간 봤다. 나는 입시에서 이과 과목들을 포기했는데, 다행히 자연대 생물학 분야와 약대가 모인 생물약학계열에 들어가게 되었다. 2학년이 되면서 나는 생물전기학을 공부하겠다는 일념으로 동물학과를 선택 했다. 지금은 생

명과학부로 모두 통합되었지만 당시에는 자연대에 동물, 식물, 미생물로 학과가 나뉘어져 있었다. 학과를 결정한 뒤에는 세포학, 유전학 등과 같은 학과 전공과목을 공부하면서도 물리학과의 전자기학, 천문학과의 역학, 화학과의 물리화학, 유기화학, 생화학 등 생물전기학에 관련될 것 같은 과목들을 모두 수강했다. 다른 학과의 전공과목을 수강하면 좋은 학점을 받기가 어렵다는 것을 알면서도 개의치 않고 호기심만 생기면 무조건 수강을 신청했다.

나의 호기심 수강은 대학 졸업 때까지 계속되었다. 사회학과의 농촌사회학, 심리학과의 동물심리학, 교육학과의 교육철학, 인류학과의 인류학사, 경제학, 정치학 등 거의 15개 학과의 전공과목을 수강했던 것으로 기억된다.

생물전기에 대한 나의 집착은 대학 3학년 때까지 계속되었다. 관련되는 과학 도서를 구입해 읽기도 하고 저자를 찾아가 보기도 했다. 당시 〈바이오닉스〉라는 책을 저술한 과학잡지사 기자를 찾아가 책에 나온 내용 외에 많은 자료를 구해서 읽고 학과 소식지에 글을 쓰기도 했다. 그러다 3학년 2학기 즈음 교내에서 개최한 특별강연을 듣고 나의 관심은 서서히 바뀌게 되었다. 당시 우리나라 환경 분야의 선구자와 같았던 타 대학 교수님이 초빙되어 국내 환경문제와 앞으로 학문 진로

박 교수님의
학문 이야기

등에 대해 강의했다. 그때만 해도 환경은 대학의 학과는 물론 말조차 생소하던 시절이었다. 그러나 나에겐 그 강의가 매우 감동적이었고, 환경은 내가 한번 도전해 볼 만한 분야라고 생각했다. 그 후 환경 관련 강의를 찾아서 수강했다. 그때 식물학과에 개설된 환경생물학이라는 강의가 있었는데, 이 과목이 아마 내가 대학에서 수강한 유일한 환경 과목이었던 것 같다.

환경에 관심을 가지면서 나는 나름대로 고민에 빠졌다. 나는 생물전 기와 환경 중에서 무엇을 공부하는 것이 좋을지 몰랐다. 그때는 새로 운 학문에 호기심이 생기면 유일하게 해결할 수 있는 곳이 미국 문화 원이었다. 그곳에 가면 미국의 대학 안내서를 볼 수가 있었다. 안내서 에는 대학의 학과와 개설되는 강좌가 비교적 자세히 기술되어 있었 다. 당시 내가 조사한 미국 대학 안내서에는 환경을 공부하는 학과가 제법 많이 있었지만, 생물전기와 그것을 응용하는 분야를 공부할 수 있는 학과는 별로 없었던 것으로 기억된다. 생물전기를 공부하려면 어디에 가야할지 정보를 구할 수 없었다. 이것이 아마 내가 진로를 바 꾸는 계기가 된 것 같다. 그 후 환경에 관련된 자료들을 모으고 혼자서 공부하면서 나의 미래를 결정하게 되었다.

유학 생활에서 배운
새로운 학문

1981년 여름, 나는 새로운 학문을 공부해 보겠다는 일념으로 미국 유학길에 올랐다. 원했던 분야라서 그런지 대학원에서 배우는 과목들이 재미있었다. 영어도 서툴렀고 환경에 관한 기초지식도 부족했지만 수업을 따라가기는 별로 어렵지 않았던 것으로 기억된다. 아마 배우는 내용이 대부분 우리 일상생활과 밀접해서 그런 것 같았다. 내가 공부했던 럿거스 대학교 환경과학과는 1921년에 설립된 학과로 환경 관련 학과로는 세계 최초로 만들어졌다. 교수들이 많았고 환경과학과 환경공학 그리고 환경법에 이르기까지 다양한 환경과목이 개설되는 점이 좋았다. 그리고 교수들의 연구비가 풍부해서 연구조교 장학금도 비교적 쉽게 지원받을 수 있었다.

나는 이곳에서 나의 평생 학문 동지가 된 크리스토퍼 유클린 교수를 만났다. 그는 미시간 대학교에서 환경공학 박사학위를 받고 온 지 몇 년 되지 않은 젊은 교수였다. 연구 분야는 내가 유학을 떠날 때까지도

박 교수님의
학문 이야기

전혀 상상하지 못했던 '환경모델' 분야였다. 이 분야는 환경에 배출된 오염물질이 이동하고 변화하는 과정을 수식으로 표현하고 이것을 다시 컴퓨터 프로그램으로 시뮬레이션하는 연구를 주로 한다. 당시 컴퓨터가 일반화되기 시작하던 시절이라 나에겐 이 분야가 매우 흥미로웠다. 내가 대학 시절 공부한 것과는 상당히 거리가 멀고 공학적 지식이 요구되는 분야였지만 나는 꼭 이 분야를 연구하고 싶었다. 그래서 공과대학 학부생을 위해 개설되는 컴퓨터 프로그래밍 과목과 컴퓨터학과 대학원생을 위한 수치해석 과목 등을 학과전공 외에 수강하는 등 남다른 노력을 기울여야 했다. 대학에서 배우지 못한 환경기초 과목과 대학원 과목 그리고 추가로 부과되는 과목 등을 함께 공부해야 하는 힘든 시절이었다.

처음 연구를 시작할 때 나의 의무는 하천 수질 조사였다. 하루 종일 차를 몰고 하천의 상류와 하류를 돌아다니며 용존산소와 수온 등을 측정하는 일이었다. 그리고 이 자료를 기초로 하천에서 일어나는 용존산소 변화를 미분방정식으로 표현하고 이것을 다시 컴퓨터 프로그램으로 시뮬레이션하여 수질관리에 활용하는 연구였다. 나의 박사학위 논문 연구는 하천에 폐수가 유입될 때 혼합되는 지점의 수질변화를 수학적으로 해석하고 이를 시뮬레이션할 수 있는 컴퓨터 프로그램을 개발하여 하천 수질관리에 활용하는 것이었다. 이 연구로 나는 1985년 10월 박사학위를 받았다. 유학 온 지 만 4년이 조금 지난 때였고, 학위는 럿거스 대학교 환경과학과가 생긴 이래 한국인으로서는 첫 번째였다.

박사학위를 끝낼 무렵 나는 뉴저지 주 환경부로부터 대형 연구 과제를 받게 되었다. 지도교수와 공동 연구책임자로 신청한 것이지만 나로서는 난생 처음으로 받아보는 연구비였다. 뉴저지 주는 바닷가의 도시 개발로 인해 해안의 수질이 악화되고 있었는데, 이 과정을 컴퓨터로 시뮬레이션하고 관리 대책을 세우는 매우 흥미로운 과제였다. 나는 박사후 연구원으로 일하게 되었고 내가 마음에 드는 2명의 대학원생을 연구조교로 선발하여 과제에 참여시켰다. 지도교수와는 별도의 실험실을 학과로부터 받아 대학원생을 지도하고 연구 과제를 독립적으로 끌어가는 것은 나에게 좋은 경험이었다. 그리고 1986년에는 비가 올 때 지면으로부터 오염물질이 유출되어 하천으로 유입되는 과정을 모델하는 과제를, 1987년에는 하천의 수질변화를 모델하는 과제를 각각 추가로 받았다.

이러한 과정을 거치면서 나는 대학원생 시절보다 박사후 연구원 시절에 더 많은 것을 배웠던 것 같다. 연구 과제를 따고, 추진하고, 대학원생을 지도하며 연구보고서와 논문을 내는 등 재미있고 보람된 시절이었다. 그리고 기업체에 컨설턴트로도 활동하면서 다양한 경험을 쌓았다. 1987년 초에 강원대학교에서 나를 교수로 초청하겠다는 제의가

들어왔다. 나는 1년간 고민했지만 내 나라에서 새로운 도전을 하고 싶다는 생각으로 귀국을 결정했다. 당시 한국과학재단에서 제공하는 가족여비와 이사비용 등과 같은 해외유치과학자 혜택을 받으면서 1988년 3월 귀국했다.

1985년 10월 박사학위를 받았다. 유학 온 지 만 4년이 조금 지난 때였고, 학위는 럿거스 대학교 환경과학과가 생긴 이래 한국인으로서는 첫 번째였다.

국내에서 누린
앞서 가는 자의 행운

내가 배운 새로운 학문을 우리나라에 전파하겠다는 꿈을 안고 귀국하였지만 초기에는 국내 생활이 순탄치 않았다. 첫해는 연구를 거의 포기하고 강의에만 매달릴 수밖에 없었다. 그리고 국내 대학에 적응이 되지 않아 귀국한 것을 후회한 적도 여러 번 있었다. 그러나 시간이 지나면서 국내에서 연구기반을 조금씩 닦아 나갔다. 제자 기르는 일도 재미가 있었고 연구 업적을 차근차근 쌓아 가는 것도 보람을 느꼈다. 당시 국내에는 하천과 호수, 바다의 수질 변화를 컴퓨터로 시뮬레이션하는 전문가가 없었기 때문에 연구 과제를 거의 독점하다시피 했다. 그리고 방학 때를 이용하여 미국의 지도교수와 공동연구도 계속했다.

귀국 후 여러 해 동안 새롭고 많은 과목들을 강의하는 일은 매우 힘들었다. 준비에도 많은 시간을 보내야 했고 강의도 쉽지 않았다. 그러나 이러한 훈련을 거치면서 나는 환경에 관해 매우 넓은 분야를 공부할

박 교수님의
학문 이야기

수 있었다. 대학원 시절 수업시간에 배웠던 것보다 내
가 강의를 준비하면서 훨씬 더 많은 것을 공부할 수
있었던 것 같다. 강의와 연구로 바쁜 나날을 보내
다가 1994년 1월에 미국 프린스턴 대학교 토목환경공
학과에 교환교수로 가게 되었다. 그동안 친분이 있었
던 피터 제피 교수와 호수나 하천 바닥의 퇴적물에
서 일어나는 현상을 컴퓨터로 시뮬레이션하는 새

로운 연구를 시도했다. 1년 동안 공동연구로 여러 편의 논문을 발표하
였고 지금까지도 퇴적물 분야에 연구 활동을 함께 하고 있다.

1995년 2월에 다시 귀국했는데 그해 10월에 이화여자대학교에서 학
교를 옮길 의향이 없느냐고 연락이 왔다. 그동안 몇몇 학교에서 초빙
의사를 보였지만 난 별 생각이 없었다. 이화여대 초청에도 처음에는
학교를 옮길 생각이 없었다. 그러다가 새로운 학과를 만드는 것도 보
람된 일이라는 생각이 들었다. 결국 1996년 3월, 이화여대 환경공학
과에 특채로 초빙되어 오게 되었다. 어쩌다 30대 후반 나이에 학과
최고 원로 교수가 된 것이다. 대학원도 없는 신설 학과로 오면서 연구
보다 강의에 몰두하게 되었다. 처음 귀국했을 때처럼 새로운 과목을
준비하는 데 많은 시간을 보냈지만 폭넓은 환경 공부를 할 수 있는 기
회를 다시 한번 갖게 되었다.

학과가 정착되면서 과거처럼 연구도 다시 활기를 띄었다. 연구과제도
많았고 우수한 대학원생들도 모여들었다. 특히, 정부에서 추진하는

BK21 환경공학 분야에 우리 팀이 선정되면서 연구 교수와 박사후 연구원이 참여하게 되었고, 많은 연구업적을 내게 되었다. 1999년에 시작한 1단계 사업에서 연구업적을 인정받아 지난 2006년에 2단계 BK 사업에서도 다시 선정되어 지금까지 수행하고 있다. 하천과 호수의 수질관리를 위한 연구와 인력 양성을 목적으로 하는 우리 사업팀은 국내에서 유일하게 수질모델 분야로 특성화되어 있다. 이러한 연구 활동 덕분에 지난 2007년 1월에는 과학기술부와 한국과학재단이 수여하는 〈이달의 과학기술자상〉을 수상하였다. 자연과학, 공학, 농학, 의학 등 모든 분야를 망라하여 한 달에 한 명씩 선정하여 수여하는 상으로 환경공학 분야에서는 몇 년에 한 번 나오기 힘든 상이다. 나에겐 큰 행운이었다.

이 시기에 내가 즐겨 해온 일 중 하나는 글 쓰기였다. 신문과 잡지에 환경 칼럼을 기고하고 환경도서를 번역하거나 저술하는 것이 나의 취미생활이 되어버렸다. 내가 그동안 공부한 다양한 환경지식을 많은 사람들에게 알리는 좋은 방법이라고 생각했기 때문에 더욱 열심히 했다. 처음에는 전공서적에 관심이 많았으나 시간이 지나면서 일반인들을 위한 환경도서에 집중하였다. 2003년에는 교육용 만화를 만들기도 했고, 2004년에는 CD영상물을 제작하기도 했다. 특히 지난 2005년에 저술한 〈살생의 부메랑 : 환경재난과 인류의 생존전략〉은 대한출

박 교수님의
학문 이야기

판문화협회 '올해의 청소년도서'와 문화관광부 간행물윤리위원회 '이달에 읽을 만한 책'으로 선정되면서 나의 저술 활동은 더욱 탄력을 받게 되었다.

서울로 오면서 나는 사회활동에 참여하는 기회를 자주 갖게 되었다. 정부의 환경정책과 기술을 자문하는 위원회에 참여하였고, 환경단체에도 관여하였다. 또한 주요 환경문제가 사회적 이슈가 될 때마다 언론 매체에 나가 전문가로서 의견을 이야기할 기회도 많아졌다. 오랜 기간 전국적인 이슈가 된 새만금 사업 대법원 재판에 전문가 자격으로 대법정에 참가하는 기회도 가졌고, 서울시 청계천 복원 사업에는 자연환경분과 위원장으로 활동하면서 물 공급 대책을 비롯한 주요 환경관리 방안을 결정하는 역할도 했다. 지난 이명박 정부에서 대통령 과학기술자문위원, 대통령 녹색성장위원 등으로 활동했으며, 2011년에는 내가 30년 전 인턴으로 일했던 국립환경과학원의 원장으로 취임하여 국가 종합환경연구를 총괄하고 우리나라를 대표하여 주요 국제 환경회의에 참석할 수 있는 기회도 가졌다. 환경 공부가 나에게 이렇게 다양한 활동 무대를 가져다 줄 것이라고 예전엔 사상조차 하지 못했다.

사람은 직업을 잘 택하면 평생 일할 필요가 없다

되돌아보면 내가 걸어온 인생에는 때로는 방황도 있었고 때로는 좌충우돌도 있었다. 그러나 지금까지의 인생 여정에서 항상 함께 한 원칙은 '좋아하는 일을 한다'는 것이다. 아마 이 원칙은 나의 의지라기보다 나 자신도 인식하지 못하고 무조건 추구한 나의 본능이었던 것 같다. 그래서 여러 번 궤도를 수정하면서 좋아하는 일을 찾으려 부단히 노력했다.

그렇게 찾은 이 길에서 나는 많은 것을 얻을 수 있었다. 내가 공부한 환경은 과학기술의 영역뿐만 아니라 사회, 정치, 언론 등 다방면의 활동 영역을 제공해 주었다. 특히 잘못된 현대문명을 바로잡아 인류의 지속가능한 미래를 열고 국가 정책을 좌우하는 등 어느 학문 분야보다 보람된 일을 많이 할 수 있었다. 뿐만 아니라 비교적 경쟁자가 없는 새로운 학문이라는 강점 때문에 능력에 과분한 혜택도 누렸다.

미래에 무엇을 공부할까 망설이는 학생들에게 나는 '사람은 직업을

박 교수님의
학문 이야기

잘 택하면, 일할 필요가 없다'라는 공자 말씀을 해주고 싶다. 자기가 좋아하는 직업을 가지면, 그것을 즐기게 된다는 의미다. 나는 이 말을 1993년 미국학회에서 '우리가 하는 환경 연구의 즐거움'을 표현한 학회 회장의 축사에서 처음 들었다. 미국에서 들은 공자 말씀이라 한자도 적을 수 없지만 그때 표현은 지금도 그대로 기억하고 있다. "Confucius said, if you got a right job, you don't need to work."

그리고 성공을 꿈꾸는 자에게는 '나는 게으름을 증오한다(I hate to be idle)'라는 말을 하나 더 해주고 싶다. 이것은 내가 1996년 유럽학회에서 환경모델 분야의 세계적인 권위자인 덴마크의 요르겐슨 교수로부터 들은 말이다. 그는 왕성한 학술 활동을 하고 수많은 연구업적과 저서를 발표하여 타의 추종을 불허하는 사람이다. 그 엄청난 업적이 너무도 신기해서 '도대체 어떻게 일을 하기에 그렇게 많은 일을 할 수 있느냐'고 물었더니, 첫마디에 한 말이었다. 간결하면서도 감동적이고 자기 최면을 걸기에 아주 좋은 말이다. 그래서 나는 이 말을 좋아하고 항상 기억하고 있다.

이 두 가지는 같은 맥락으로 연결된다. 좋아하는 일을 하게 되면 일은 곧 즐거움이 되고, 당연히 게으름을 증오하게 된다. 나는 게으름을 증오하는 직업을 찾는 길이 인생에서 즐거움을 구하는 길이고, 또한 성공으로 가는 길이라고 생각한다. 나는 모든 청소년들이 그 길을 찾아 가길 바란다. 그리고 그 길은 어느 학문보다 환경공학에 넓게 열려 있 다고 나는 확신한다.

끝으로 한국인으로는 미국에서 환경공학분야 최초의 종신교수가 된 위스콘신대학교(University of Wisconsin at Madison) 박재광 교수 님이 우리과 세미나에서 학생들에게 알려준 '인생에서 성공으로 가는 아홉 가지 사항'을 독자들에게 전하며 이 글을 맺는다.

Key Factors to Success

- Reliable

- Diligent

- Productive

- Motivated and active

- Creative

- Positive

- Self-guided(little supervision)

- Good communication skills

- Good manner

박 교수님의
학문 이야기

환경학 관련 학과가 있는 대학들

서울	건국대(환경공학과), 고려대(건축사회환경공학부), 광운대(환경공학과), 서울대(지구환경과학부, 건설환경공학부), 서울산업대(환경공학과), 서울시립대(환경공학과), 세종대(건설환경공학과, 환경에너지융합학과), 연세대(토목환경공학과), 이화여대(환경공학과), 한양대(건설환경공학과, 자원환경공학과)
부산	경성대(환경공학과), 동서대(에너지환경공학전공), 동의대(환경공학과), 부경대(환경공학과, 지구환경과학과, 환경대기과학과), 부산가톨릭대(환경공학과), 부산대(지질환경과학과, 대기환경과학과, 사회환경시스템공학부), 신라대(환경공학과), 한국해양대(환경공학과)
대구	경북대(환경공학과), 계명대(환경과학과, 환경계획학과, 지구환경학과)
인천	인천대(환경공학과), 인하대(환경공학과)
광주	전남대(지구환경과학부, 환경에너지공학과), 조선대, 호남대(토목환경공학과)
대전	대전대(환경공학과), 충남대(환경공학과), 한국과학기술원(건설 및 환경공학과), 한남대(건설시스템공학과), 한밭대(건설환경공학과)
울산	울산대(건설환경공학과), 울산과기대(도시환경공학과)
경기도	가천대(토목환경공학과, 환경에너지공학과), 가톨릭대(환경공학과), 경기대(환경에너지시스템공학과), 경희대(환경학 및 환경공학과), 단국대(토목환경공학과), 대진대(환경공학과), 명지대(토목환경공학과, 환경에너지공학과), 수원대(환경에너지공학과), 아주대(환경공학과), 안양대(환경에너지공학과), 용인대(환경학과), 한경대(토목안전환경공학과), 한국외국어대(환경학과), 한양대(건설환경플랜트공학과)

환경학 관련 학과는 공학계열의 환경공학과와 자연계열의 환경과학과 등 학교에 따라 다양한 명칭으로 개설되어 있습니다.

강원도	강릉대(대기환경과학과), 강원대(환경과학과, 환경공학과), 경동대(토목공학과), 연세대(환경공학과), 한중대(토목환경공학과)
충청도	고려대(환경시스템공학과), 공주대(건설환경공학부, 환경공학과), 선문대(환경공학과), 한서대(환경공학과), 호서대(환경공학과), 영동대(토목환경공학과), 청주대(환경공학과), 충북대(지구환경과학과, 환경공학과), 충주대(환경공학과), 한국교원대(환경교육과)
전라도	군산대(환경공학과), 목포대(환경공학과), 목포해양대(환경생명공학과), 서남대(환경화학공학과), 순천대(토목환경공학과), 우석대(토목환경공학과), 원광대(토목환경공학과), 전남대(환경에너지공학과), 전북대(지구환경과학과, 환경공학과), 전주대(토목환경공학과)
경상도	경남대(도시환경공학과), 경상대(지구환경과학과), 금오공과대(토목환경공학부), 대구가톨릭대(환경과학과), 대구대(환경공학과), 상주대(환경공학과), 안동대(지구환경과학과, 환경공학과), 영남대(환경공학과), 인제대(환경공학과), 진주산업대(환경공학과), 창원대(환경공학과)
제주도	제주대(환경공학과)

나의 미래 계획 다이어리

나를 알아보는 단계

미래 계획을 세우기 전에 나를 알아보는 것은 중요하다. 재능 있는 사람도 즐기는 사람을 당할 수 없다고 한다. 내가 가장 좋아하고 잘할 수 있는 일은 무엇일까? 자, 자신이 좋아하는 일들로 지면을 가득 채워보자!

난 게임이라면 자신 있어!
이래 봬도 고수란 말씀!

게임 얘기
할 줄 알았어.
난 놀고먹는 게
제일 좋은데
어쩌나~

보너스 문제

이것만은 절대 못 하겠다!

다른 건 어떻게 해보겠는데, 정말 하기 싫은 것이 있을 것이다.
눈치 보지 말고, 마음껏 적어보자!

_____

_____

_____

_____

_____

_____

본격적인 계획 단계- 목표 설정

나에 대해 알아보았으니 이제 본격적으로 자신만의 맞춤 계획을 세워보자. 먼저 자신이 무엇을 하고 싶은지 적어보자. 목표가 확실하지 않으면 계혹을 진행하기 어렵기 때문에 신중히 생각해야 한다.

부자가 되는 것도 좋지만,
실현 가능한 목표를 세우는 것이 좋요해.
그러기 위해서는 좀 더 구체적으로
생각하는 게 좋겠지?

나는 부자가
될 거야!

실행 단계

목표를 정했으니 이제 거침없이 계획을 진행해 보자. 자신이 세운 목표를 이루기 위해서는 어떤 일들을 해야 하는지 적어보자.

나의 목표 - 방학 동안 체중 5kg 감량

계획

저녁은 오후 7시 이전에 먹는다. → 저녁은 안 먹지만 야식은 먹었다.
일주일에 3번 이상 줄넘기를 한다. → 일주일에 3번 이상 줄만 간신히 넘겼다.
군것질을 줄인다. → 군것질은 줄었지만 외식이 늘었다.

단, 계획이 잘 실행되고 있는지 수시로 체크하는 것이 중요하다!

10년 후 나의 모습

이렇게 계획을 세우는 것만으로도 마음이 든든하다. 이 든든한 마음을 가지고
10년 후 자신의 모습을 생각해 보자!

파티시에가 되어서 사람들에게
꿈과 희망도 같이 나눠주고 있을 것 같아!
상상만으로 빵 냄새가 솔솔 나는 것 같아.

와~ 그럼
나 빵 몇 개
주어야 해!
공짜로~

박석순 교수님은...

현재 이화여자대학교 환경공학과에서 수질관리, 환경정책 및 법규 등을 가르치며, 강과 호수, 하구와 항만 등에서 일어나는 수질과 생태계 변화를 수학적 모델과 컴퓨터 시뮬레이션으로 예측하고 관리하는 연구를 하고 있다. 2009년 10월 캐나다 퀘벡에서 개최된 국제생태계모델학회(ISEM)에서 기조 강연, 2007년 1월 한국연구재단 '이달의 과학기술자 상' 수상 등 국내외에서 주요 연구 업적을 인정받고 있다. 지난 2011년부터 2013년까지 국립환경과학원장을 역임했으며, 대통령 과학기술자문위원, 대통령 녹색성장위원, (사)한국환경교육학회 회장 등으로 활동했다. 지금까지 국내외 주요 학술지에 150여 편의 논문을 게재했고 8건의 특허를 보유하고 있으며, 170여 편의 환경칼럼을 중앙일간지와 전문지에 기고했고 20여 편의 저·역서를 출간했다. 주요 저서로 ≪환경재난과 인류의 생존전략(2014)≫, ≪부국환경이 우리의 미래다(2012)≫, ≪수질관리학 : 원리와 모델(2009)≫, ≪만화로 보는 박교수의 환경재난 이야기(2003)≫ 등이 있다.

나의 미래 공부 06

MAP OF TEENS

MT 환경공학

초 판 1쇄 발행 2008년 6월 5일
개정판 5쇄 발행 2020년 10월 26일

저자 박석순
발행인 서경석

책임편집 정재은 **마케팅** 서기원, 권병길 **제작·관리** 서지혜, 이문영
디자인 All Design Group **일러스트** 문수민

발행처 청어람장서가
출판등록 제 313-2009-68호
주소 경기도 부천시 원미구 부일로 483번길 40 서경빌딩 3층 (우)14640
연락처 전화 032-656-4452 팩스 032-656-9496
전자우편 juniorbook@naver.com

정가 13,000원
ISBN 978-89-93912-60-9 44530
      978-89-93912-66-1(세트)